Die

Bücher des Apollonius von Perga

DE SECTIONE RATIONIS

nach dem Lateinischen des

Edm. Halley

frey bearbeitet, und mit einem Anhange versehen

von

Dr. W. A. Diesterweg,

ordentlichem Professor der Mathematik an der königl. preuss. Rheinuniversität.

Mit 9 Steintafeln.

Berlin,
bey Georg Reimer.
1824.

Vorrede.

Von den Schriften des Apollonius von Perga gehörte die Schrift περὶ λόγου ἀποτομῆς zu den verloren gegangenen. Glücklicherweise fand sich in der Bodlejanischen Bibliothek eine arabische Uebersetzung derselben, welche, nachdem es mehreren Gelehrten mifslungen war, das Glück hatte, von dem berühmten Mathematiker, Edm. Halley, Professor zu Oxford, im Jahr 1706 in das Lateinische übersetzt zu werden. Sie ist eine vortreffliche Schrift, und verdient als ein Muster der geometrisch - analytischen Behandlung einer Aufgabe in allen ihren Fällen von jedem jungen Mathematiker studiert zu werden. Dafür bürgt das Zeugnifs des Alterthums, welches ihrem Verfasser den Nahmen des grofsen Geometers beilegte, und das Zeugnifs Neuton's, welcher sie mit dem Nahmen seiner Lieblingsschrift beehrte.

Ich übergebe sie hiermit dem mathematischen Publicum in Deutschland, in einer freyen Bearbeitung, nicht einer Uebersetzung; mit Zusätzen und einem Anhange über verwandte Aufgaben versehen. Um auch die Leser, welche die sehr seltene Halley'sche Uebersetzung nicht zur Hand haben, in den Stand zu setzen, über die Beschaffenheit des Originals und dieser Bearbeitung selbst zu urtheilen, so lasse ich der Vorrede einen Hauptfall nach der Halley'schen Ausgabe beydrucken.

Um die Anordnung systematischer zu machen, habe ich den Gang des Originals nicht überall beybehalten. Defshalb findet man loc. X. (Apollonius bezeichnete die Hauptfälle der behandelten Aufgabe mit τόπος, locus) nach loc. XIV. abgehandelt.

Ich füge der Vorrede eine Uebersicht des Inhaltes bey.

Bonn, im Dec. 1823.

Diesterweg.

Apollonii Pergaei de Sectione rationis Lib. II. Locus Tertius.

Occurrat jam recta, per punctum H ducta ipsique AΓ parallela, rectae alteri MB citra punctum Z; sive inter illud ac punctum M, ad modum rectae HK: ac manifestum est rectas duci posse per punctum H, juxta quinque diversos Casus.

Cas. I. (Fig. 1.) Ducatur autem imprimis recta AB, juxta Casum primum, auferens segmenta ΓA ad BZ in ratione data. Junge ΓH; ac per punctum Θ ducatur recta ipsi ΓA parallela, ut recta ΣΘO. Quoniam ratio ΓH ad HΘ datur, ratio ΓA ad ΔΘ data est. Cumque ratio ΓA ad BZ data est, dabitur quoque ratio ΔΘ ad ZB. Sunt autem rectae duae positione datae, ΣO, MB; ac sumitur in recta MB punctum Z, in recta autem ΣO punctum Θ; datum autem punctum H est intra angulum OΘB. Ducenda est igitur recta AHB, auferens rationem ΔΘ ad ZB datam. Recta autem AHB positione datur, juxta Casum primum Loci septimi, neque habet limites. Construetur autem per ea quae ibidem docentur.

Cas. II. (Fig. 2. 3.) Ducatur recta AB, juxta Casum secundum, auferens rationem ΓA ad BZ datam. Manentibus autem descriptis, cum ratio ΓA ad ΔΘ data est, atque etiam ratio ΘΔ ad ZB datur, recta quoque AB dabitur positione, per Casum secundum Loci septimi.

Determinatur autem hunc in modum. Capiatur ΘB media proportionalis inter ipsas ZΘ, ΘK; junctâque HB ac productâ ad A, dico quod recta AB aufert rationem ΓA ad BZ, minorem quavis alia ratione, quae resecari possit à rectis per punctum H ductis, ipsique KZ occurrentibus. Ducatur enim alia, ut ΔHN. Cumque recta ΘB media proportionalis est inter ZΘ, ΘK; erit ratio ΣΘ ad BZ minor ratione OΘ ad ZN: ac permutando, erit ratio ΣΘ ad ΘO minor ratione BZ ad ZN. Sed ΣΘ est ad ΘO ut AΓ ad ΓΔ; adeoque ratio AΓ ad ΓΔ minor erit ratione BZ ad ZN: quare permutando, ratio AΓ ad BZ minor erit ratione ΓΔ ad ZN. Recta igitur AB aufert rationem AΓ ad BZ minorem qualibet ratione, à rectis per H transeuntibus rectaeque KZ occurrentibus, abscissâ.

Componetur autem problema hunc in modum. Manentibus jam descriptis; sit ΘB media proportionalis inter rectas ZΘ, ΘK; junctaque HB producatur ad A. Dico quod recta AB auferet rationem ΓA ad BZ, minorem quavis aliâ ratione, quam abscindere potest recta quaevis alia per punctum H ducta, ipsique KZ occurrens. Quod si ratio ad construendum proposita aequalis fuerit rationi ΓA ad ZB; tum recta AB sola solvit problema; si minor fuerit eâ, compositio fieri non potest. Si vero major fuerit eâ, componetur duobus modis, ab utrâque parte ipsius AB. Sit autem (Fig. 3.) ratio data sicut N ad T, quae major sit ratione ΓA ad BZ. Fiat ut ΓH ad HΘ ita N ad Ξ: ac manifestum est ex aequo, quod ratio Ξ ad T major erit ratione ΘΣ ad BZ. Sed ratio ΘO ad NZ major est eâ; quia ΘB media proportionalis est inter ZΘ et ΘK: unde constat rectas duas duci posse per punctum H, ab utraque parte ipsius AB, quae secent à rectis ΘΣ, ZK, rationes aequales rationi Ξ ad T. Constat autem ex praemissis rectas hunc in modum ductas solvere problema.

Cas. III. (Fig. 4.) Ducatur jam, juxta Casum tertium, recta auferens rationem ΓE ad AZ datam. Quoniam ratio EΓ ad BΘ datur, ac ratio quoque BΘ ad AZ data est; recta EH positione datur: per Casum tertium Loci septimi, qui quidem non habet limites, adeoque manifesta est compositio.

Cas. IV. (Fig. 5. 6. 7. 8.) Ducatur jam, ad modum quartum, recta HN auferens rationem ΓN ad AZ datam. Quoniam ratio ΓN ad ΘΣ datur, etiam ratio ΣΘ ad AZ data est; unde recta HN positione datur. Reducitur enim ad Casum quartum Loci septimi.

Determinatur autem problema hunc in modum. Manentibus prius descriptis, capiatur media proportionalis inter ZΘ et ΘK. Haec vel minor erit recta ΘM, vel non minor eâ: ac primo non sit minor eâ. Junge HM, ac dico quod recta HM aufert rationem ΓM ad MZ, majorem quavis ratione, a recta qualibet per punctum H ducta ipsique ΓM occurrente, abscissâ. Ducatur enim alia ut HN. Quoniam media proportionalis inter ZΘ, ΘK non est minor quam ΘM; recta HM vel auferet rationem ΘΔ ad ZM maximam, vel propior erit rectae rationem maximam auferenti: adeoque ratio ΔΘ ad ZM major erit ratione ΘΣ ad AZ; permutando autem ΔΘ ad ΘΣ major erit ratione ZM ad AZ. Sed ΔΘ est ad ΘΣ ut est MΓ ad ΓN; quare ratio MΓ ad ΓN major erit ratione MZ ad AZ: ac permutando iterum, ratio MΓ ad MZ major erit ratione ΓN ad AZ. Recta igitur HM aufert rationem ΓM ad MZ, majorem quavis ratione quam aufert recta quaelibet alia per punctum H ducta ipsique ΓM occurrens. Q. E. D.

Sit jam media proportionalis inter ZΘ et ΘK minor quam ΘM, ut ΘA. Jungantur HM, HA, ac producatur HA ad Δ. Dico quod recta HΔ aufert rationem ΓΔ ad AZ, majorem quavis alia ratione, quam abscindit recta quaelibet per H ducta, totique rectae ΓM occurrens: quodque recta HM aufert rationem ΓM ad MZ, minorem quâvis aliâ rectâ ipsi ΔM occurrente. Ducantur enim rectae duae ut HΠ, HB. Quoniam autem ΘA media proportionalis est inter ZΘ, ΘK, auferet recta HA rationem ΘN ad AZ maximam. Est igitur ratio ΘN ad AZ major ratione ΣΘ ad ZO; et permutando ratio ΘN ad ΣΘ major erit ratione AZ ad ZO. Sed NΘ est ad ΘΣ ut ΔΓ ad ΓB, quae proinde ratio major est ratione AZ ad ZO: permutando autem ratio ΔΓ ad AZ major erit ratione ΓB ad ZO. Ac pari modo demonstratur rationem illam majorem esse ratione ΓΠ ad PZ. Quapropter recta HΔ aufert rationem ΓΔ ad AZ, majorem omnibus rationibus à rectis per H ductis rectaeque ΓM occurrentibus, abscissis. Dico praeterea quod recta HM aufert rationem ΓM ad MZ, minorem ratione quacunque, à rectâ quâvis per H ductâ, ipsamque ΔM intersecante, abscissâ. Quoniam enim (Fig. 6.) recta HΠ propior est ipsi HΔ, maximam rationem auferenti, quam est recta HM; ac rectae quae propiores sunt illi semper abscindunt rationes majores: igitur ratio ΘE ad PZ major erit ratione ΛΘ ad MZ. Permutando autem ratio EΘ ad ΘΛ major erit ratione PZ ad ZM. Sed EΘ est ad ΘΛ ut ΠΓ ad ΓM; ratio igitur ΠΓ ad ΓM major erit ratione PZ ad ZM: ac permutando ratio ΠΓ ad PZ major erit ratione ΓM ad MZ. Quocirca recta HΔ aufert rationem ΓΔ ad AZ, majorem quavis ratione quam abscindere potest recta aliqua alia per H ducta, ita ut rectis ΓM, ΔM occurrat. Recta vero HM aufert rationem minorem quâvis alia rectam ΔM solam intersecante.

Sic autem componetur problema hoc. Maneant jam descripta; ac media proportionalis inter ZΘ, ΘK vel minor erit quam MΘ; vel non erit minor eà. Imprimis autem non sit minor ea. Junge HM; ac recta HM abscindet rationem ΓM ad MZ, majorem quam recta quaevis per H ducta ipsamque ΓM intersecans. Igitur si ratio ad construendum data fuerit aequalis rationi ΓM ad MZ; recta HM eaque sola solvit problema. Si vero ratio minor fuerit, construetur problema unico tantum modo. Quod si (Fig. 7.) ratio data, quae sit ut P ad T, minor fuerit ratione ΓM ad MZ, fiat ut ΓH ad HΘ ita P ad Ξ; ac demonstrari potest ex aequo, quod ratio Ξ ad T minor erit ratione ΛΘ ad MZ: unde patet quod possibile sit per punctum H ducere duas rectas, quae auferant à rectis ΓM, MZ rationem aequalem rationi Ξ ad T. Hae si ducantur, cadent ab utraque parte ipsius HM; ac manifestum est alteram ex his rectis ut HO, quae per punctum H transit ac producta occurrit ipsi ΓM, solvere problema; alteram vero non item: adeoque unico tantum modo efficitur. Q. E. D.

Jam sit (Fig. 8.) media proportionalis inter ZΘ et ΘK minor quam recta ΘM; sit ea ΘN. Junge rectas HM, HN; et producatur HN ad Σ; ac recta haec HΣ auferet rationem ΓΣ ad NZ, majorem quavis, quae resecari possit à rectis per punctum H ductis, ipsique ΓM occurrentibus. Recta vero HM auferet rationem ΓM ad MZ, minorem quavis ratione à rectis per H ductis, ipsique ΣM soli occurrentibus, abscissâ. Propositâ autem ratione construendâ, quae aequalis sit rationi ΓΣ ad NZ; manifestum est quod sola recta HΣ solvet problema. Si ratio proposita major fuerit ea, tum componi non potest. Quod si minor fuerit ratione ΓΣ ad NZ, major vero quam ΓM ad MZ; hoc in casu dupliciter solvi potest problema per praecedentia: à rectis scilicet ab utrâque parte ipsius HΣ ducendis, ipsisque ΓΣ, ΣM occurrentibus. Quod si ratio data aequalis fuerit rationi ΓM ad MZ; constat etiam ex determinatione praemissa, quod duobus modis solvi possit, nempe rectâ HM, ac rectâ aliâ ut HP. Si vero ratio minor fuerit quam ΓM ad MZ; tum cadet altera è rectis ultra ipsam HM, adeoque non satisfaciet problemati. Manifesta autem sunt haec omnia ex iis quae jam pridem demonstravimus.

Cas. V. (Fig. 9. 10.) Ducatur jam recta HΛ, juxta Casum quintum, auferens rationem ΓΔ ad ΛZ datam. Quoniam ratio ΓΔ ad ΘN datur, ratio etiam NΘ ad ΛZ datur; unde recta quoque HΛ positione data est, per demonstrata in Casu quarto Loci septimi, qui quidem determinationem habet. Determinatur autem hunc in modum. Quoniam media proportionalis inter ZΘ, ΘK, vel major esse potest quam recta ΘM, vel minor eâ; primum non sit major eâ. Junge HM, ac manifestum est ex limitationibus praecedentibus, quod recta HM auferet rationem ΓM ad MZ majorem rationibus omnibus, à rectis per punctum H ductis rectaeque ΛM occurrentibus, abscissis. Si vero media proportionalis inter ZΘ, ΘK major sit quam recta ΘM; ut est recta ΘΛ: jungantur HΛ, HM; ac patet ex limitationibus praecedentibus, quod recta HΛ auferet rationem ΓΔ ad ΛZ, majorem omni ratione, quam auferunt rectae quaevis per H ductae, ipsique ΛMΘ occurrentes. Recta vero HM auferet rationem ΓM ad MZ, minorem quavis ratione, à rectis per H ductis, solique rectae ΛM occurrentibus, abscissâ. Q. E. D.

Componetur autem problema hunc in modum. Manentibus jam descriptis, erit media proportionalis inter ZΘ et ΘK, vel major quam ΘM, vel non major ea. Primo autem non sit major eâ. Junge HM auferentem rationem ΓM ad MZ, majorem omni ratione, à rectis per H ductis, ipsique ΛM occurrentibus, abscissâ: ac si fuerit ratio ad componendum data ut ΓM ad MZ, sola recta HM solvit problema. Si major fuerit eâ, tum construi non potest. Quod si ratio minor fuerit eâ, ex praecedentibus constat unam solam rectam duci posse, quae occurrens ipsi ΛM problemati satisfaciat. Q. E. D.

Quod si ΘΛ, media proportionalis inter ZΘ et ΘK, major fuerit quam ΘM; jungantur HM, HΛ; ac recta HΛ auferet rationem ΓΔ ad ΛZ, majorem omni ratione quam abscindunt rectae aliae per H ductae, ipsique ΘM continuatae occurrentes: recta vero HM auferet rationem minimam, nempe rationem ΓM ad MZ. Jam si proponatur ratio ad construendum, quae fuerit ut ΓΔ ad ΛZ; patet quod recta HΛ sola solvet problema: ac si major fuerit ratio, non construetur. Quod si minor fuerit ratione ΓΔ ad ΛZ, major vero quam ΓM ad MZ, manifestum est ex praemissis, problema effici posse duobus modis; ductis rectis, ab utraque parte ipsius HΛ, rectae ΛM occurrentibus. Si vero minor fuerit ratione ΓM ad MZ, ex praecedentibus limitationibus constat, unico solum modo solvi posse problema; scilicet recta ipsam ΛM intersecante. Denique si ratio aequalis fuerit rationi ΓM ad MZ, duplicem habebit solutionem. Recta enim HM, atque etiam alia ipsi ΛM occurrens ultra punctum Λ, rem praestant. Totum hoc patet ex prius demonstratis.

Apoll. de sect. rat. T. IX.
zur Vorrede gehörig

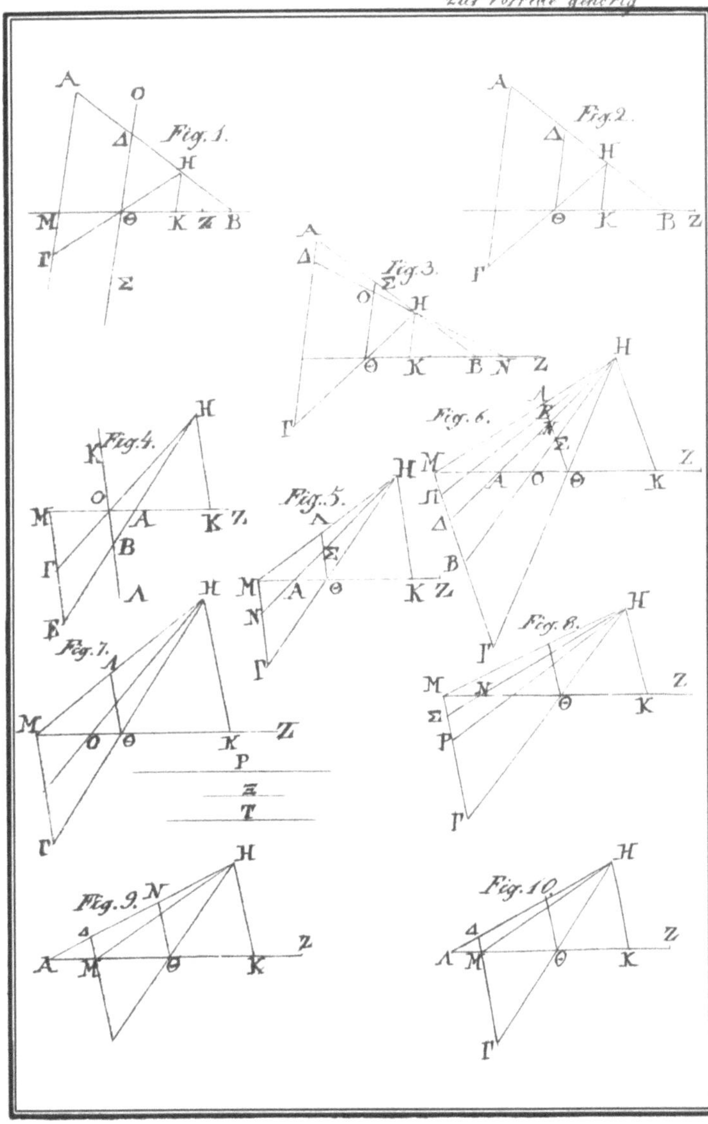

Lehnsatz A. Aufgabe. (Fig. a.)

Eine gegebene gerade Linie AB in einem Punkte C so zu schneiden, daſs das Rechteck aus den Segmenten AC, CB dem Rechtecke aus zwey gegebenen geraden Linien P, Q gleich sey.

Auflösung.

Man mache BAD = ABE = R auf einerley Seite von AB, AD = P, BE = Q, ziehe DE, beschreibe über AB als Durchmesser einen Kreis, und errichte auf der Linie DE in dem Punkte F, in welchem der Kreis diese Linie erreicht, ein Perpendikel. Der Punkt C, in welchem dasselbe der Linie AB begegnet, wird das Verlangte leisten.

Determination.

Damit der Halbkreis der Linie DE begegne, muſs (Fig. a. 2.) ein von dem Mittelpunkte O auf DE gefälltes Perpendikel $OL \leqq \frac{1}{2}AB$ seyn. (El. I. 19.)

Macht man AOH = R, und zieht durch den Durchschnitt H der OH mit DE die Linie HQ#AB, so ist $HO : OL = DH : \left\{\begin{array}{l} HQ \ (\text{El. VI. 4.}) \\ AO \ (\text{El. I. 34.}) \\ \frac{1}{2} AB \end{array}\right.$

---

also mufs $OH \overset{=}{<} HD$ seyn (El. V. 14.)

$$\begin{array}{r} \text{folglich } OH^2 \\ (\text{El. Ax. 1.}) \ \frac{(AD+BE)^2}{4} \end{array} \left.\right\} \overset{=}{<} \left\{\begin{array}{ll} HD^2 & \\ \frac{1}{4} DE^2 & (\text{El. VI. 2.}) \\ \frac{EN^2+ND^2}{4} & (\text{El. I. 47.}), \text{ wenn } EN \# AB, \\ \frac{AB^2+(AD-BE)^2}{4} & (\text{El. I. 34.}) \end{array}\right.$$

---

mithin $(AD+BE)^2 \overset{=}{<} AB^2 + (AD-BE)^2$

$$\begin{array}{r} \text{somit } (AD+BE)^2 - (AD-BE)^2 \\ (\text{El. II. 4. 7.}) \ 4\,AD.BE \end{array} \left.\right\} \overset{=}{<} AB^2$$

---

demnach $AD.BE \overset{=}{<} \frac{1}{4} AB^2$

Beweis.

Es ist $AD.BE \overset{=}{<} \frac{1}{4} AB^2$ (Det.)

$$\begin{array}{r} \text{also } 4\,AD.BE \\ (AD+BE)^2 - (AD-BE)^2 \end{array} \left.\right\} \overset{=}{<} AB^2$$

$$\begin{array}{r} \text{folglich } \frac{(AD+BE)^2}{4} \\ OH^2 \end{array} \left.\right\} \overset{=}{<} \left\{\begin{array}{l} \frac{AB^2+(AD-BE)^2}{4} \\ \frac{EN^2+ND^2}{4} \\ \frac{1}{4} DE^2 \\ HD^2 \end{array}\right.$$

---

mithin $OH \leqq HD$

Nun ist $HO : OL = DH : \begin{cases} HQ \\ AO \end{cases}$

demnach $LO \leqq \begin{cases} OA \\ \frac{1}{2} AB \end{cases}$

Der Halbkreis berührt also (Fig. a. 1.), oder schneidet (Fig. a. 2.) die Linie DE. In beiden Fällen ist $AFB = R$ (El. III. 31.)

also $AFD < R$, $BFD > R$

folglich $DFC > DFA$, $DFC < DFB$

mithin fällt FC zwischen AF, FB

somit liegt C zwischen A, B.

Ferner ist $DAF = CBF$ (El. III. 32.), $DFC = AFB$

demnach $AFD = CFB$

folglich $DA : AF = CB : BF$ (El. VI. 4.)

Auch ist $EBF = FAC$ (El. III. 32.), $EFC = AFB$

somit $EFB = AFC$

folglich $FA : AC = FB : BE$

mithin $DA : AC = CB : BE$ (El. V. 22.)

demnach $AC . CB = \begin{cases} AD . BE \\ P . Q \end{cases}$ (El. VI. 16.)

Zus. Es erhellet von selbst (Fig. a. 2.), dafs ein zweiter Durchschnitt des Halbkreises mit der Linie DE einen zweiten Punkt C′ mit der gegebenen Eigenschaft auf der Linie AB bestimme.

Lehns. B. Aufg. (Fig. b.)

Auf der Verlängerung einer gegebenen geraden Linie AB einen Punkt C zu bestimmen, so daſs das Rechteck aus den Segmenten AC, CB dem Rechtecke aus zwey gegebenen geraden Linien P, Q gleich sey.

Auflösung.

Man mache BAD = ABE = R auf verschiedenen Seiten der Linie AB, AD = P, BE = Q, ziehe DE, beschreibe über AB als Durchmesser einen Kreis, und errichte in dem Punkte F, in welchem derselbe die Linie DE schneidet, ein Perpendikel auf DE. Der Punkt, in welchem dasselbe die Verlängerung von AB erreicht, wird das Verlangte leisten.

Beweis.

Es ist DFC = R, DFB < R (El. III. 31.)

also DFC > DFB

folglich liegt C in der Verlängerung von AB.

Ferner ist DAF = CBF (El. III. 32.22), DFC = AFB

also AFD = CFB

folglich DA : AF = CB : BF

Auch ist EBF = FAC, also EFC = AFB

EFB = AFC

folglich FA : AC = FB : BE

mithin DA : AC = CB : BE

somit AC.CB = { AD. BE
P. Q.

Zus. Es erhellet von selbst, dafs der zweite Durchschnitt F des Kreises mit DE einen zweiten Punkt C' auf der verlängerten BA bestimme, welcher das Verlangte leistet.

Die

BÜCHER des APOLLONIUS von PERGA

de sectione rationis.

Aufgabe.

Von einem, aufserhalb zweyer der Lage nach gegebenen geraden Linien, in der durch dieselben gelegten Ebene, gegebenen Punkte eine gerade Linie zu ziehen, so dafs die zwischen ihren Durchschnittspunkten mit jenen Linien und zweyen in denselben gegebenen Punkten liegenden Segmente ein gegebenes Verhältnifs zu einander haben.

Erstes Buch.

Die gegebenen Linien sind parallel, oder es liegen, wenn sie nicht parallel sind, die in denselben gegebenen Punkte nicht beide aufserhalb ihres Durchschnittspunktes. (Fig. 1—26.)

I) Die gegebenen Linien AB, CD sind parallel. (Fig. 1—7.) Die gegebenen Punkte seyen E, F.

1) Der aufserhalb der Linien gegebene Punkt O liegt innerhalb des Winkels DFR. (Fig. 1—3.). (Loc. I.)

Fall 1.

Die verlangten Segmente sollen liegen auf den Linien FD, EB. (Fig. 1.)

Analysis.

Es sey OG die gesuchte Linie, ihre Durchschnittspunkte mit AB, CD seyen G, H, so ist, wenn die gerade Linie OE gezogen wird, welche die Linie CD in L schneide,

EG : LH = EO : OL (El. VI. 4.)

also ist EG : LH gegeben (Dat. 29. 1.) *)

Da EG : FH gegeben ist (p. hyp.)

so ist FH : HL (Dat. 9.)

folglich auch FH–HL : LH gegeben (Dat. 6. *Zus.*)

mithin ist LH (Dat. 2.)

somit der Punkt H (Dat. 30.), und die gerade Linie OH der Lage nach (Dat. 29.) gegeben.

Determination.

Da FH > HL

$$\text{so ist } EG : FH < \left\{ \begin{array}{l} EG : HL \text{ (El. V. 8.)} \\ EO : OL \end{array} \right.$$

also mufs das gegebene Verhältnifs p : q < EO : OL seyn.

Construction.

Man ziehe EF, mache OK # CD, UF = FK, UV # EF, TE = EV, FP = p, FQ = q, QR # TP, LM # EF, ziehe RM, welche in H die CD schneide, so ist OH die gesuchte Linie.

Beweis.

$$\left. \begin{array}{r} \text{Es ist } p : q \\ PF : FQ \\ \text{(El. VI. 4.)} \left. \begin{array}{r} TF \\ EK \end{array} \right\} : FR \end{array} \right\} < \left\{ \begin{array}{ll} EO : OL & \text{(Det.)} \\ EK : KF & \text{(El. VI. 2.)} \end{array} \right.$$

$$\text{also } RF > \left\{ \begin{array}{l} FK \text{ (El. V. 10.)} \\ LM \end{array} \right.$$

*) Die Citationen der Data des Euclides beziehen sich auf die von Schwab, Stuttgart, 1780 veranstaltete deutsche Ausgabe.

folglich schneidet RM die Verlängerung von FL.
Und es ist $EG : HL = EO : OL$ (El. VI. 4.)

$$= \left\{\begin{matrix} EK \\ TF \end{matrix}\right\} : KF \quad \text{(El. VI. 2.)}$$

Auch ist $LH : HF = LM : FR$ (El. VI. 4.)

mithin $EG : HF = TF : FR$ (El. V. 22.)

$$= p : q.$$

Zusatz 1. (Apoll.)

Für eine andere gerade Linie OW, welche die EB, LD in W, X schneide, ist

$$XH : HL > XH : HF \quad \text{(El. V. 8.)}$$

also $\left.\begin{matrix} LH \mp HX \\ XL \end{matrix}\right\} : \left.\begin{matrix} LH \\ \text{(El. VI. 4.)}\ WE : EG \end{matrix}\right\} \lessgtr \left\{\begin{matrix} FH \mp HX \\ XF \end{matrix}\right\} : FH$ (Proposit. de ration. inter se diversis demonstrat. ed. Hauber, Tubingae, 1793. §. 28. 19.)

folglich $WE : FX \lessgtr \left\{\begin{matrix} EG : FH \\ p : q \end{matrix}\right.$ (Hauber. §. 43.)

mithin bestimmen die dem Punkte F näher liegenden Punkte der Linie LD kleinere Verhältnifse, als die entfernteren.

Zusatz 2.

Verlängert man ML, so dafs $M'L = LM$, und zieht RM′, welche die Linie CD in H′ schneide, so ist, wenn die die Linie AB in G′ schneidende gerade Linie OH′ gezogen wird, $EG' : H'L = EO : OL$

$$= \left\{\begin{matrix} EK \\ TF \end{matrix}\right\} : KF$$

Auch ist LH′ : H′F = LM′ : FR

also EG′ : H′F = TF : FR
= p : q

mithin ist eine Linie OG′ gefunden, welche von den Linien EA, FD Segmente in dem gegebenen Verhältnifse abschneidet, welches Fall 2. ist.

Fall 2.

Die verlangten Segmente sollen liegen auf den Linien EA, FD. (Fig. 2. a. b. c.)

Analysis.

Es sey OG die gesuchte Linie, ihre Durchschnitte mit AB, CD seyen G, H, so ist, wenn man die die Linie CD in L schneidende gerade Linie EO zieht, EG : LH = EO : OL (El. VI. 4.)

also ist EG : LH gegeben (Dat. 29. 1.)
Da EG : FH gegeben ist (p. hyp.)

so ist FH : HL (Dat. 9.)

also auch FH + HL : LH gegeben (Dat. 7.)

folglich ist LH (Dat. 2.), mithin der Punkt H (Dat. 30.), somit die gerade Linie OH der Lage nach gegeben (Dat. 29.)

Construction.

Man mache OK # CD, UF = FK, UV # EF # LM, TE = EV, FP = p, FQ = q, QR # TP, FM # KL, und ziehe RM, welche die CD in H schneide, so ist OHG die gesuchte Linie.

Beweis.

$$
\begin{array}{lrcll}
\text{Es ist} & EG : HL & = & EO : OL & (\text{El. VI. 4.}) \\
 & & = & \left\{\begin{matrix} EK \\ TF \end{matrix}\right\} : KF & (\text{El. VI. 2.}) \\
\text{Auch ist} & LH : HF & = & LM : FR & (\text{El. VI. 4.}) \\
\hline
\text{also} & EG : HF & = & TF : FR & (\text{El. I. 34. V. 22.}) \\
 & & = & p : q &
\end{array}
$$

Zus. 1. (Apoll.)

Für eine andere gerade Linie OW, welche die Linien EA, FL in W, X schneide, ist

$$
\begin{array}{ll}
WE \gtrless EG \quad XF \lessgtr FH \\
\hline
\text{also} \quad WE : FX \gtrless \left\{\begin{matrix} EG : FH \\ p : q \end{matrix}\right. & (\text{Hauber §. 10. 43.})
\end{array}
$$

folglich bestimmen die dem Punkte F näher liegenden Punkte der Linie FL gröfsere Verhältnifse, als die entfernteren.

Zus. 2.

Verlängert man ML bis zum Durchschnitt mit OK in M', und zieht OM', so bestimmt, wenn nicht, wie Fig. 2. c., $RM' \# CD$, d. h. wenn nicht

$$
\left.\begin{matrix} TF : FR \\ PF : FQ \\ p : q \end{matrix}\right\} = \left\{\begin{matrix} TF : LM' \\ EK : KF \\ EO : OL \end{matrix}\right.
$$

OG' zwey andere Segmente EG', F'H auf den Linien EB, FD (Fig. 2. a.), oder auf den Linien EA, FC (Fig. 2. b.) mit der gegebenen Eigenschaft, welches Fall 1., oder Fall 3. ist.

Fall 3.

Die verlangten Segmente sollen liegen auf den Linien EA, FC (Fig. 3.)

Analysis.

Es sey OG die gesuchte Linie, ihre Durchschnittspunkte mit AB, CD seyen G, H, so ist, wenn die die Linie CD in L schneidende gerade Linie OE gezogen wird,

$$\underline{EG : LH} = \underline{EO : OL} \quad \text{(El. VI. 4.)}$$

also ist $\underline{EG : LH}$ gegeben (Dat. 29. 1.)
Da $\underline{EG : FH}$ gegeben ist (p. hyp.)

so ist $\underline{FH : HL}$ (Dat. 9.)

folglich auch $\underline{LH - HF} : \underline{FH}$ gegeben (Dat. 6. Zus.)

mithin ist FH (Dat. 2.), somit der Punkt H (Dat. 30.), und die gerade Linie OH der Lage nach gegeben (Dat. 29.).

Determination.

Da $\underline{FH < HL}$

so ist $EG : FH > \left\{\begin{array}{l} EG : HL \quad \text{(El. V. 8.)} \\ EO : OL \quad \text{(El. VI. 4.)} \end{array}\right.$

also mufs $p : q > EO : OL$ seyn.

Construction.

Buchstäblich, wie zu Fall 1.

Beweis.

Es ist
$$\left.\begin{array}{r} p : q \\ PF : FQ \\ \text{(El. VI. 4.)}\ \left.\begin{array}{l} TF \\ EK \end{array}\right\} : FR \end{array}\right\} > \left\{\begin{array}{l} EO : OL \quad \text{(Det.)} \\ EK : KF \quad \text{(El. VI. 2.)} \end{array}\right.$$

also $RF < \left\{\begin{array}{l} FK \\ LM \end{array}\right\}$ (El. V. 10.)

folglich schneidet MR die Verlängerung von LF. Und es ist $EG : HL = EO : OL$

$$= \left\{\begin{matrix} EK \\ TF \end{matrix}\right\} : KF$$

$$\text{Auch ist } LH : HF = LM : FR$$

$$\text{mithin } EG : HF = TF : FR$$
$$= p : q$$

Zus. 1. (Apoll.)

Für eine andere gerade Linie OW, welche die EA, FC in W, X schneide, ist

$$XH : HL < XH : HF \quad \text{(El. V. 8.)}$$

$$\text{also } \left.\begin{matrix} \left\{\begin{matrix} LH \pm HX \\ XL \end{matrix}\right\} : LH \\ \text{(El. VI. 4.)} \quad WE : EG \end{matrix}\right\} \lesseqgtr \left\{\begin{matrix} FH \pm HX \\ XF \end{matrix}\right\} : FH \quad \text{(Hauber §. 19. 22.)}$$

$$\text{folglich } WE : FX \lesseqgtr \left\{\begin{matrix} EG : FH \\ p : q \end{matrix}\right. \quad \text{(Hauber §. 43.)}$$

mithin bestimmen die dem Punkte F näher liegenden Punkte der Linie FC gröſsere Verhältniſse, als die entfernteren.

Zus. 2.

Buchstäblich, wie Fall 1. Zus. 2.

Anm. zu loc. I.

Die in loc. I. enthaltene Aufgabe kann also, wenn das gegebene Verhältniſs $p : q \left\{\begin{matrix} < \\ = \\ > \end{matrix}\right\} EO : OL$ nach Fall $\left\{\begin{matrix} 1.\ 2. \\ 2. \\ 2.\ 3. \end{matrix}\right\}$ aufgelöſst werden.

2) Der Punkt O liegt innerhalb der Winkel BEF, EFD. (Fig. 4—6.) (Loc. II.)

Fall 1.

Die Segmente sollen liegen auf den Linien EB, FD. (Fig. 4. a. b. c.)

Anal. } Buchstäblich, wie zu loc. I. Fall { 2.
Constr. } { 1.
Bew. } { 2.

Zus. 1. (Apoll.)

Buchstäblich, wie Fall 2. Zus. 1.

Zus. 2.

Macht man auch LM' = LM, und zieht RM', so schneidet dieselbe, wenn nicht RM' # FD, d. h. wenn nicht

$TF : FR = TF : LM'$, wie Fig. 4. c.,
$PF : FQ = EK : KF$
$p : q = EO : OL$

die Linie CD in einem Punkte H', und die gerade Linie OH' bestimmt zwey Segmente EG', FH' auf den Linien EA, FD (Fig. 4. a.), oder auf den Linien EB, FC (Fig. 4. b.) mit der gegebenen Eigenschaft, welches Fall 2., oder Fall 3. ist.

Fall 2.

Die Segmente sollen liegen auf den Linien EA, FD. (Fig. 5.)

Anal. Det. } Buchstäblich, wie zu loc. I. Fall { 1.
Constr. } { 2.
Bew. } { 1.

Zus. 1.

Für eine andere gerade Linie OW, welche die Linien EA, FD in W, X schneide, ist

$$XH : HL > XH : HF$$

u. s. w. wie loc. I. Fall 1. Zus. 1.

Zus. 2.

Buchst. wie loc. I. Fall 1. Zus. 2. wird eine Linie OG' gefunden, welche von den Linien EB, FD Segmente in dem gegebenen Verhältnifse abschneidet, welches Fall 1. ist.

Fall 3.

Die Segmente sollen liegen auf den Linien EB, FC. (Fig. 6.)

Anal.	Buchstäblich, wie zu loc. I. Fall	3.
Det.		3.
Constr.		2.
Bew.		3.

Zus. 1. (Apoll.)

Für eine andere gerade Linie OW, welche die Linien EB, FC in W, X schneide, ist

$$XH : HL < XH : HF$$

u. s. w. wie loc. I. Fall 3. Zus. 1.

Zus. 2.

Buchst. wie zu loc. I. Fall 2. Zus. 2.

Anm. zu loc. II.

Die in loc. II. enthaltene Aufgabe kann also, wenn das gegebene Verhältnifs $p : q \left\{ \begin{matrix} = \\ > \\ < \end{matrix} \right\} EO : OL$ nach Fall $\left\{ \begin{matrix} 1. \\ 1.\ 3. \\ 1.\ 2. \end{matrix} \right\}$ aufgelöfst werden.

Anm. zu I. (Halley). (Fig. 7.)

Wenn AB, CD zwey der Lage nach gegebene parallele Linien, E, F in denselben gegebene Punkte sind, auch p : q ein gegebenes Verhältnifs bezeichnet, und man macht EP = p, QF = q, zieht PQ, welche die gerade Linie EF, oder ihre Verlängerung in S schneide, zieht auch durch S und einen aufserhalb, oder innerhalb der Parallelen gegebenen Punkt O die gerade Linie SO, welche die Parallelen in H, G schneide, so ist

$$EG : FH = ES : SF \quad (El. VI. 4.)$$
$$= EP : FQ \quad (El. VI. 4.)$$
$$= p : q$$

Sämmtliche unter I. begriffene Fälle lassen sich also auch auf diesem Wege behandeln. Auch wird ESS in den mittleren Punkten F, S harmonisch geschnitten.

II.) Die gegebenen Linien sind nicht parallel. (Fig. 8—27.)

1) Die in beiden Linien gegebenen Punkte liegen im Durchschnittspunkte. (Fig. 8—11.). (Loc. III.)

Fall 1.

Die gesuchten Segmente sollen liegen auf den Linien CE, EA. (Fig. 8.)

Analysis.

Es sey OG die gesuchte gerade Linie, so ist, wenn eine durch O der AB parallel gezogene gerade Linie OK der Linie CD in K begegnet,

$$OK : KG = HE : EG \quad (\text{El. VI. 4.})$$
$$= p : q$$

also ist das Verhältnifs OK : KG ein gegebenes. Da OK (Dat. 31. 22.) der Lage und Gröfse nach gegeben ist, so ist KG (Dat. 2.) der Gröfse nach, somit der Punkt G (Dat. 30.), und die gerade Linie OG der Lage nach gegeben (Dat. 29.).

Determination.

Da $GK > KE$

so ist $OK : KG < OK : KE$ (El. V. 8.)

also mufs $p : q < OK : KE$ seyn.

Construction.

Man mache OK # AB, EP = p, EQ = q, OG # PQ, so sind, wenn der Durchschnitt der Linien AB, OG mit H bezeichnet wird, HE, EG die gesuchten Segmente.

Beweis.

$$\left.\begin{array}{r} \text{Es ist } p : q \\ PE : EQ \\ (\text{El. VI. 4.})\ OK : KG \end{array}\right\} < OK : KE \ (\text{Det.})$$

also $KG > KE$ (El. V. 10.)

Der Punkt G liegt mithin auf der Linie EC.

Ferner ist $HE : EG = PE : EQ$
$$= p : q$$

Zus. (Apoll.)

Für eine andere die Linien EC, EA in L, M schneidende gerade Linie OL ist $LK \left\{\begin{array}{c} > \\ < \end{array}\right\} KG$

also $\left.\begin{matrix} OK : KL \\ ME : EL \end{matrix}\right\} \lessgtr \left\{\begin{matrix} OK : KG \\ HE : EG \end{matrix}\right.$ (El. V. 8.)

Die dem Punkte E näher liegenden Punkte der Linie CE bestimmen mithin gröſsere Verhältniſse, als die entfernteren.

Fall 2.

Die gesuchten Segmente sollen liegen auf den Linien DE, EB. (Fig. 9.)

Analysis.

Buchstäblich, wie zu Fall 1.

Determination.

Da $GK < KE$

so ist $OK : KG > OK : KE$ (El. V. 8.)

also muſs $p : q > OK : KE$ seyn.

Construction.

Buchst., wie zu Fall 1.

Beweis.

$$\begin{matrix} \text{Es ist } p : q \\ PE : EQ \\ \text{(El. VI. 4.) } OK : KG \end{matrix}\left.\vphantom{\begin{matrix} a \\ b \\ c \end{matrix}}\right\} > OK : KE$$

also $KG < KE$

Der Punkt G liegt mithin auf der Linie KE. Ferner ist $HE : EG = PE : EQ$

$= p : q$

Zus. (Apoll.)

Für eine andere die Linien ED, EB in L, M schneidende gerade Linie OM ist $LK \left\{\begin{matrix} > \\ < \end{matrix}\right\} KG$

$$\text{also } \begin{matrix} OK : KL \\ ME : EL \end{matrix} \left\{\begin{matrix} < \\ > \end{matrix}\right\} \begin{matrix} OK : KG \\ HE : EG \end{matrix} \text{ (El. V. 8.)}$$

Die dem Punkte E näher liegenden Punkte der Linie EK bestimmen also kleinere Verhältnifse, als die entferneteren.

Fall 3.

Die gesuchten Segmente sollen liegen auf den Linien AE, ED. (Fig. 10.)

Analysis. Construction.

Buchstäblich, wie zu Fall 1.

Beweis.

$$\text{Es ist } HE : EG = PE : EQ$$
$$= p : q$$

Zus. (Apoll.)

Für eine andere die Linien AE, ED in M, L schneidende gerade Linie OL ist $LK \left\{\begin{matrix} < \\ > \end{matrix}\right\} KG$

$$\text{also } \begin{matrix} OK : KL \\ ME : EL \end{matrix} \left\{\begin{matrix} > \\ < \end{matrix}\right\} \begin{matrix} OK : KG \\ HE : EG \end{matrix} \text{ (El. V. 8.)}$$

Die dem Punkte E näher liegenden Punkte der Linie KD bestimmen mithin gröfsere Verhältnifse, als die entfernteren.

Anm. zu loc. III. (Apoll.)

Die in loc. III. enthaltene Aufgabe kann also, wenn das gegebene Verhältnifs $p : q \left\{ \begin{matrix} < \\ > \\ = \end{matrix} \right\} OK : KE$, nach Fall $\left\{ \begin{matrix} 1.\ 3. \\ 2.\ 3. \\ 3. \end{matrix} \right\}$ aufgelöfst werden.

Anm. zu loc. III. (Halley.). (Fig. 11.)

Die 3 Fälle dieser Aufgabe lassen sich auch folgendermafsen behandeln.

Construction.

Man mache $EP = p$, $QE = Q'E = q$, ziehe PQ, PQ', OG#PQ, OG'#PQ'.

Beweis.

Es ist, wenn H, H' die Durchschnittspunkte der Linien AB, und OG, OG' sind,

$$HE : EG = PE : EQ = p : q \quad , \quad H'E : EG' = PE : EQ' = p : q$$

2) Der in der Linie AB gegebene Punkt ist der Durchschnittspunkt E der Linien AB, CD, (Fig. 12—26.). Der in der Linie CD gegebene Punkt F liegt

A.) auf der Linie EC. (Fig. 12—14.) (Loc. IV.)

Fall I.

Die gesuchten Segmente sollen liegen auf den Linien AE, FC. (Fig. 12.)

Analysis.

Es sey HG die gesuchte Linie. Macht man OK#AB, und OK : FS=p : q
=HE : FG

so ist OK : HE } =SF : FG
KG : GE }

also GK : KE=FS : SG

folglich KG.GS=KE FS (El. VI. 16.)

Da KE (Dat. 28.), FS (Dat. 2) gegeben sind, so ist KG. GS der Gröfse nach, und da KG+GS=KF+FS=KS gegeben ist, so ist KG (Dat. 86.), somit G (Dat. 30.) und die Lage der geraden Linie OG gegeben (Dat. 30.).

Construction.

Man mache FN#OK#AB, ON#CD, FP=p, FQ=q, NS#PQ, FST=R=EKU, TS=SF, UK=KE, beschreibe über SK als Durchmesser einen Kreis, welcher der geraden Linie TU in R begegne, mache TRG=R, und ziehe durch O und den Durchschnitt G der Linie RG mit CD eine gerade Linie OG, welche AB in H schneide, so wird OG das Verlangte leisten.

Beweis.

Es ist FS<SE (p. hyp.)

also FS.EK<SE.EK (El. VI. 1.)

folglich FS.EK<$\frac{1}{4}$SK^2 (El. II. 5.)

mithin schneidet der über KS beschriebene Halbkreis die Linie TU. (Lehns. A.)

$$\text{Es ist }\left.\begin{array}{r}SG.GK\\ \text{(Lehns. A) } S\alpha^2-\alpha G^2\end{array}\right\}<\left\{\begin{array}{ll}SE.EK & \text{(El. VI. 1.)}\\ S\alpha^2-\alpha E^2 & \text{(El. II. 5.), wenn } S\alpha=\alpha K\end{array}\right.$$

folglich $G\alpha^2>\alpha E^2$

mithin $G\alpha>\alpha E$

somit $GK>KE$

demnach $FS>SG$ (El. VI. 16),

Der Punkt G liegt mithin zwischen S, F.

Ferner ist $GK : KE = FS : SG$

$$\text{also }\left.\begin{array}{r}KG : GE\\ OK : HE\end{array}\right\}=SF : FG$$

$$\text{somit }\left.\begin{array}{r}\left.\begin{array}{r}OK\\ NF\end{array}\right\} : FS\\ PF : FQ\\ p : q\end{array}\right\}=HE : FG$$

Zus. 1. (Apoll.)

Für eine andere die Linien FS, EA in M, L schneidende gerade Linie OM ist

$KE<KF$

$$\text{mithin }\left.\begin{array}{r}KE.FS\\ KG.GS\end{array}\right\}<KF.FS \text{ (El. VI. 1.)}$$

$$\text{also } KM.MS \gtrless \left\{\begin{array}{l}KG.GS\\ KE.FS\end{array}\right. \text{(siehe Schol. in El. lib. II. ed. Pfleiderer Tub. 1797. §. 38. und Conv.)}$$

folglich $MK : KE \gtrless FS : SM$ (Hauber §. 52)

$$\text{somit } MK : \left\{\begin{matrix} MK - KE \\ ME \end{matrix}\right\} \lesseqgtr FS : \left\{\begin{matrix} FS - SM \\ FM \end{matrix}\right. \text{(Hauber §. 24.)}$$
$$OK : LE$$

$$\text{demnach } \left.\begin{matrix} OK : FS \\ HE : FG \end{matrix}\right\} \lesseqgtr LE : FM$$

Die dem Punkte E näher liegenden Punkte der Linie FS bestimmen also gröſsere Verhaltniſse, als die entfernteren.

Zus. 2.

Errichtet man in dem zweiten Durchschnitte R' des Kreises und der Linie TU ein Perpendikel auf TU, welches die CD in G' schneide, so ist

$$\begin{aligned} SG'.G'K &= TS.KU \\ &= FS.EK \end{aligned}$$

Nun ist $FS < SE$

$$\text{also } \left.\begin{matrix} FS.EK \\ SG'.G'K \\ S\alpha^2 - \alpha G'^2 \end{matrix}\right\} < \left\{\begin{matrix} SE.EK \\ S\alpha^2 - \alpha E^2 \end{matrix}\right.$$

---

somit $G'\alpha^2 > \alpha E^2$

folglich $G'\alpha > \alpha E$

mithin $G'K < KE$

demnach liegt der Punkt G' zwischen K, E.

Ferner ist $FS : SG' = G'K : KE$

$$\text{folglich } FS : \left\{\begin{matrix} G'S - SF \\ FG' \end{matrix}\right\} = \left\{\begin{matrix} G'K : \left\{\begin{matrix} EK - KG' \\ EG' \end{matrix}\right. \\ OK : H'E \end{matrix}\right.$$

$$\text{also } \left.\begin{matrix} OK \\ FN \end{matrix}\right\} : SF \left.\begin{matrix} \\ \\ \end{matrix}\right\} = H'E : FG'$$
$$p : q$$

Es ist mithin eine zweite Linie O H′ gefunden, welche von den Linien D E, E B Segmente in dem gegebenen Verhältnifse abschneidet, welches Fall 3. ist.

Fall 2.

Die gesuchten Segmente sollen liegen auf den Linien A E, E F. (Fig. 13.)

Analysis.

Es sey H G die gesuchte Linie, so ist K G . G S der Gröfse nach gegeben, wie Anal. zu Fall 1. Da auch KG−GS=KS gegeben ist, so ist KG (Dat. 85.), somit G (Dat. 30.) und die Lage der geraden Linie O G gegeben (Dat. 30.).

Construction.

Man mache F N # O K # A B, K N # O F, FP=p, FQ = q, u. s. f., wie Constr. zu Fall 1.

Beweis.

Es ist $FK > KE$

also $KF.FS$ $\left.\begin{matrix}\\ \\ \end{matrix}\right\} > \left\{\begin{matrix}FS.KE \\ KG.GS \\ G\alpha^2 - \alpha S^2\end{matrix}\right.$ (El. VI. 1.) (Lehnsatz B.)

wenn $K\alpha = \alpha S$, $F\alpha^2 - \alpha S^2$

folglich $F\alpha^2 > G\alpha^2$

mithin $F\alpha > \alpha G$

somit $FS > SG$

Ferner ist $GK : KE = FS : SG$ (El. VI. 16.)

also $GK > KE$

mithin liegt der Punkt G zwischen F, E.

Auch ist KG : GE = SF : FG (El. V. 17.)

somit p : q = HE : FG, wie Fall 1. Bew.

Zus. 1. (Apoll.)

Für eine andere die Linien FE, EA in M, L schneidende gerade Linie OM ist

$$EL \gtrless EH, \quad MF \lessgtr FG$$

$$\text{also } EL : FM \gtrless \left\{ \begin{matrix} EH : FG \\ p : q \end{matrix} \right. \text{ (Hauber §. 41.)}$$

Die dem Punkte E näher liegenden Punkte der Linie EF bestimmen also kleinere Verhältnifse, als die entfernteren.

Zus. 2.

Errichtet man in dem zweiten Durchschnitte R′ des Kreises und der Linie TU′ ein Perpendikel auf TU, welches die Linie CD in G′ schneide, so ist

$$KG'.G'S = FS.EK$$

$$\text{also } G'K : KE = FS : G'S$$

$$\text{folglich } \left. \begin{matrix} G'K : G'E \\ OK : H'E \end{matrix} \right\} = FS : FG' \text{ (El. V. 18.)}$$

wenn G′O die AB in H′ schneidet,

$$\text{mithin } \left. \begin{matrix} OK : FS \\ p : q \end{matrix} \right\} = H'E : FG'$$

Demnach sind auch auf den Linien EA, FD zwey Segmente mit der gegebenen Eigenschaft gefunden worden, welches Fall 4. ist.

Fall 3.

Die gesuchten Segmente sollen liegen auf den Linien EB, FK. (Fig. 12.)

Analysis.

Es sey H'G' die gesuchte Linie. Zieht man OK#AB, und macht $OK : FS = p : q$

$$= H'E : FG'$$

$$\text{so ist } \left.\begin{array}{r} OK : H'E \\ KG' : G'E \end{array}\right\} = FS : FG'$$

$$\text{also } KG' : KE = FS : G'S$$

$$\text{folglich } KG' . G'S = EK . FS$$

Da KE, FS gegeben sind, so ist $KG'.G'S$, und da $KG' + G'S = KS$ gegeben ist, so ist KG' (Dat. 86.), somit G' und die Lage der geraden Linie OG' gegeben.

Construction.

Buchst., wie zu Fall 1., wenn man G', H', R' statt G, H, R setzt.

Beweis.

$$\text{Es ist } FS < SE$$

$$\text{also } FS . EK < SE . EK$$

$$\text{folglich } FS . EK < \tfrac{1}{4} SK^2$$

mithin schneidet der Halbkreis die Linie TU (Lehns. A.).

$$\text{Nun ist } \left.\begin{array}{r} SG' . G'K \\ S\alpha^2 - \alpha G'^2 \end{array}\right\} < \left\{\begin{array}{l} SE . EK \text{ (Lehns. A.)} \\ S\alpha^2 - \alpha E^2, \text{ wenn } K\alpha = \alpha S, \end{array}\right.$$

$$\text{folglich } G'\alpha^2 > E\alpha^2$$

$$\text{mithin } G'\alpha > E\alpha$$

demnach liegt G' zwischen E, K.

$$\text{Ferner ist } EK : KG' = G'S : SF \quad \text{(El. VI. 16.)}$$

$$\text{folglich } \left.\begin{array}{r} KG' : G'E \\ OK : H'E \end{array}\right\} = SF : FG' \quad \text{(El. V. 17.)}$$

$$\text{mithin}\ \left.\begin{array}{l}\left.\begin{array}{l}OK\\FN\end{array}\right\} : SF\\ \quad PF : FQ\\ \quad\ p : q\end{array}\right\} = H'E : FG'$$

Zus. 1. (Apoll.)

Für eine andere die Linien EK, EB in M′, L′ schneidende gerade Linie OM′ ist

$$KM'.M'S \gtrless \left\{\begin{array}{l}KG'.G'S\\KE.FS\end{array}\right. \text{(Pfleiderers Schol. in El. II. § 38. u. Conv.)}$$

$$\text{also}\ M'K : KE \gtrless FS : SM' \ \text{(Hauber §. 53.)}$$

$$\text{folglich}\ \left.\begin{array}{l}M'K : EM'\\OK : L'E\end{array}\right\} \gtrless FS : M'F \ \text{(Hauber §. 28.)}$$

$$\text{mithin}\ \left.\begin{array}{l}OK : FS\\ \ p : q\end{array}\right\} \gtrless L'E : M'F$$

Demnach bestimmen die dem Punkte E näher liegenden Punkte der Linie EK kleinere Verhältnisse, als die entfernteren.

Zus. 2.

Errichtet man in dem zweiten Durchschnitte R des Kreises und der Linie TU ein Perpendikel auf TU, welches CD in G schneide, so ist $SG.GK < SE.EK$

$$\text{also}\ p : q = HE : FG,$$

wie Fall 1. Bew. Es ist also eine zweite Linie gefunden worden, welche auf den Linien FC, EA Segmente in dem gegebenen Verhältnisse abschneidet, welches Fall 1. ist.

Fall 4.

Die gesuchten Segmente sollen liegen auf den Linien EA, FD. (Fig. 13.)

Analysis.

Es sey H'G' die gesuchte Linie, so ist KG'.G'S gegeben, wie Fall 3. Anal. Da nun auch G'S - KG' = KS gegeben ist, so ist KG' (Dat. 85.), somit G' und die Lage der geraden Linie OG' gegeben.

Construction.

Buchst., wie zu Fall 2., wenn man G', H', R' statt G, H, R setzt.

Beweis.

Es ist KG'.G'S = FS.KE (Lehns. B.)

also G'K : KE = FS : SG'

folglich p : q = H'E : FG', wie Fall 3. Bew.

Zus. 1. (Apoll.)

Für eine andere die Linien KD, EA in M', L' schneidende gerade Linie OM' ist

$$\left.\begin{matrix}SG'.G'K\\ FS.KE\end{matrix}\right\} \gtrless SM'.M'K \quad \text{(El. II. 6.)}$$

also $EK : KM' \gtrless M'S : SF$ (Hauber §. 53.)

folglich $\left.\begin{matrix}EM':M'K\\ EL':KO\end{matrix}\right\} \gtrless M'F : FS$ (Hauber §. 19.)

mithin $EL' : M'F \gtrless \left\{\begin{matrix}KO : FS\\ EH' : FG'\end{matrix}\right.$ (Hauber §. 43.)

Die dem Punkte E näher liegenden Punkte der Linie KD bestimmen also kleinere Verhältnifse, als die entfernteren.

Zus. 2.

Errichtet man in dem zweiten Durchschnitte R des Kreises und der Linie TU ein Perpendikel auf TU, welches CD in G schneide, so ist FK>KE, also liegt G zwischen F, E, und es ist p : q = HE : FG, wie Fall 2. Bew.; folglich sind auch auf den Linien EF, EA Segmente in dem gegebenen Verhältnifse gefunden worden, welches Fall 2. ist.

Anm. zu loc. IV.

Da bey keinem Falle von loc. IV. eine Determination statt findet, so kann die Aufgabe für jedes gegebene Verhältnifs nach jedem Falle aufgelöfst werden.

B.) auf der Linie ED. (Fig. 14—26.) Es liege, wenn K den Durchschnitt der mit AB parallel gezogenen Linie OK und der Linie CD bezeichnet, der Punkt F

a.) in K. (Fig. 14—16.). (Loc. V.)

Fall 1.

Die gesuchten Segmente sollen liegen auf den Linien EA, KD. (Fig. 14.)

Analysis.

Es sey HG die gesuchte Linie. Macht man OK#AB, und OK : KS = p : q
= EH : KG

$$\text{so ist } \left.\begin{array}{l} OK : HE \\ KG : GE \end{array}\right\} = SK : KG$$

$$\text{also } KG : \left\{\begin{array}{c} EG - GK \\ EK \end{array}\right\} = SK : \left\{\begin{array}{c} GK - KS \\ GS \end{array}\right.$$

$$\text{folglich } KG . GS = EK . KS$$

Da EK, KS gegeben sind, so ist $KG . GS$ der Gröfse nach, und, da $KG - GS = KS$ gegeben ist, KG (Dat. 85.), somit G, und die gerade Linie OG der Lage nach gegeben.

Construction.

Man mache $OK \# AB$, $KP = p$, $KQ = q$, $OS \# PQ$, $EKU = KST = R$, $UK = KE$, $TS = SK$, beschreibe über KS als Durchmesser einen Kreis, welcher von der geraden Linie TU in R geschnitten werde, und errichte in R auf TU die gerade Linie RG perpendicular, welche der Linie CD in R begegne, so ist OG die gesuchte Linie.

Beweis.

$$\text{Es ist } KG . GS = UK . ST \text{ (Lehns. B.)}$$
$$= EK . KS$$

$$\text{also } GK : KE = KS : SG$$

$$\text{folglich } KG : \left.\begin{array}{c} \left\{\begin{array}{c} GK + KE \\ GE \end{array}\right\} \\ OK : HE \end{array}\right\} = KS : \left\{\begin{array}{c} KS + SG \\ KG \end{array}\right\}$$

$$\text{mithin } \left.\begin{array}{c} OK : KS \\ PK : KQ \\ p : q \end{array}\right\} = HE : KG$$

Zus. 1. (Apoll.)

Für eine andere, die Linien EA, KD in L, M schneidende gerade Linie OM ist

$$EL \lesseqgtr EH,\ KM \gtreqless KG$$

$$\text{also } EL : KM \lesseqgtr EH : KG \quad (\text{Hauber § 41.})$$

folglich bestimmen die dem Punkte E näher liegenden Punkte der Linie KD gröſsere Verhältniſse, als die entfernteren.

Zus. 2.

Errichtet man in dem zweiten Durchschnitte R′ der Linie TU und des Kreises ein die AB in G schneidendes Perpendikel auf TU, so ist

$$KG' . G'S = EK . KS$$

$$\text{also } G'K : KE = KS : SG'$$

$$\text{Da } KS < SG'$$

$$\text{so ist } G'K < KE$$

folglich liegt G′ zwischen K, E.

$$\text{Ferner ist } \left.\begin{matrix} G'K : \left\{\begin{matrix} EK - G'K \\ EG' \end{matrix}\right\} \\ OK : EH' \end{matrix}\right\} = KS : \left\{\begin{matrix} SG' - KS \\ KG' \end{matrix}\right.$$

$$\text{also } \left.\begin{matrix} OK : KS \\ p : q \end{matrix}\right\} = EH' : KG'$$

mithin ist auch eine Linie OG′ gefunden, welche von den Linien EB, EK Segmente in dem gegebenen Verhältniſse abschneidet, welches Fall 2. ist.

Fall 2.

Die Segmente sollen liegen auf den Linien BE, EK. (Fig. 14.)

Analysis.

Es sey H'G' die gesuchte Linie. Macht man OK#AB, und $OK : KS = p : q$

$$= EH' : KG'$$

$$\text{so ist } \begin{cases} OK : H'E \\ KG' : G'E \end{cases} = SK : KG'$$

$$\text{also } KG' : \begin{cases} KG' + G'E \\ KE \end{cases} = SK : \begin{cases} SK + KG' \\ SG' \end{cases}$$

$$\text{folglich } KG' . G'S = SK . KE$$

Da SK, KE gegeben sind, so ist KG'.G'S der Gröſse nach, und, da $G'S - KG' = KS$ gegeben ist, KG' (Dat. 85.), somit G' und die gerade Linie OG' der Lage nach gegeben.

Construction.

Buchst., wie zu Fall 1., wenn nur R', G', H' statt R, G, H gesetzt wird.

Beweis.

Es ist $KG' . G'S = EK . KS$

also $p : q = EH' : KG'$, wie Fall 1. *Zus.* 2.

Zus. 1. (Apoll.)

Für eine andere die Linien EB, EK in M, L schneidende gerade Linie ist $EL' \lesseqgtr EH'$, $KM' \gtreqless KG'$

folglich $EL' : KM' \lesseqgtr EH' : KG'$

mithin bestimmen die dem Punkte E näher liegenden Punkte der Linie KE kleinere Verhältniſse, als die entfernteren.

Zus. 2.

Errichtet man in dem zweiten Durchschnitte R der Linie TU und des Kreises ein die Linie KD in G schneidendes Perpendikel auf TU, so ist

KG.GS = EK.KS

folglich p : q = EH : KG (buchst., wie Bew. zu Fall 1.), also ist auch eine Linie OG gefunden, welche von den Linien EA, KD Segmente abschneidet in dem gegebenen Verhältnifse, welches Fall 1. ist.

Fall 3.

Die Segmente sollen liegen auf den Linien EA, KC. (Fig. 15. 16.)

Analysis.

Es sey HG die gesuchte Linie. Macht man OK ⋕AB, und OK : KS = p : q

= EH : KG

so ist $\left.\begin{matrix} OK : EH \\ KG : GE \end{matrix}\right\} = SK : KG$

also $KG : \left\{\begin{matrix} KG - GE \\ KE \end{matrix}\right\} = SK : \left\{\begin{matrix} SK - KG \\ GS \end{matrix}\right.$

folglich KG.GS = EK.KS

Da EK, KS gegeben sind, so ist KG.GS der Gröfse nach, und, da KG + GS = KS gegeben ist, KG (Dat. 86.), somit G und die gerade Linie OG der Lage nach gegeben.

Construction.

Buchst., wie zu Fall 1.

Determination.

Damit der über KS beschriebene Halbkreis der Linie TU begegne, mufs (verm. Lehns. A. Det.) seyn

$$\left.\begin{matrix} TS.KU \\ SK.KE \end{matrix}\right\} \overset{=}{<} \tfrac{1}{4} SK^2$$

$$\text{also } KE \overset{=}{<} \tfrac{1}{4} SK$$

$$\text{folglich } 4KE \overset{=}{<} SK$$

$$\text{mithin } OK : 4KE \overset{=}{<} \left\{\begin{matrix} OK : KS \text{ (El. V. 8.)} \\ p : q \end{matrix}\right.$$

Beweis.

$$\text{Es ist } OK : 4KE \overset{=}{>} \left\{\begin{matrix} p : q \\ OK : KS \end{matrix}\right.$$

$$\text{also } 4KE \overset{=}{<} KS$$

$$\text{folglich } KE \overset{=}{<} \tfrac{1}{4} KS$$

$$\text{mithin } \left.\begin{matrix} SK.KE \\ TS.KU \end{matrix}\right\} \overset{=}{<} \tfrac{1}{4} KS^2$$

also berührt (Fig. 15.), oder schneidet (Fig. 16) der Kreis die Linie TU (Lehns. A.), so dafs $SG.GK = SK.KE$

$$\text{also } GK : KE = KS : SG$$

$$\text{Da } KS > SG$$

$$\text{so ist } GK > KE$$

also liegt der Punkt G auf der Linie EC.

$$\text{Ferner ist } \left.\begin{matrix} GK : \left\{\begin{matrix} GK - KE \\ GE \end{matrix}\right\} \\ OK : HE \end{matrix}\right\} = KS : \left\{\begin{matrix} KS - SG \\ KG \end{matrix}\right.$$

also $\left.\begin{matrix}OK : KS\\ p : q\end{matrix}\right\} = HE : KG$

Zus. 1. (Apoll.)

Für eine andere die Linien EA, KS (Fig. 15.) in L, M schneidende gerade Linie OM ist

$$\left.\begin{matrix}KG.GS\\ SK.KE\end{matrix}\right\} > KM.MS, \text{ weil } KG = GS,$$

$$\text{also } MK : KE < KS : SM \text{ (Hauber §. 53.)}$$

$$\text{folglich } \left.\begin{matrix}MK : \left\{\begin{matrix}MK-KE\\ ME\end{matrix}\right\}\\ OK : EL\end{matrix}\right\} > KS : \left\{\begin{matrix}KS-SM\\ KM\end{matrix}\right. \text{ (Hauber §. 24.)}$$

$$\text{mithin } \left.\begin{matrix}OK : KS\\ EH : KG\end{matrix}\right\} > EL : KM \text{ (Hauber §. 43.)}$$

Dieser Punkt G, für welchen GE = EK, bestimmt also ein größeres Verhältniß, als jeder andere Punkt der Linie ES.

Macht man $EL : KM = OK : KV$

so ist $OK : KV < OK : KS$

also $KV > KS$

Auch ist $\left.\begin{matrix}EL : OK\\ EM : MK\end{matrix}\right\} = MK : KV$

$$\text{folglich } \left.\begin{matrix}KM-ME\\ EK\end{matrix}\right\} : MK = \left\{\begin{matrix}VK-KM\\ MV\end{matrix}\right\} : KV$$

mithin $KM.MV = EK.KV$

Ferner ist $GK > KE$

also $GK.VS > KE.VS$

$$\text{folglich } \left.\begin{matrix}KG.GS+KG.SV\\ KG.GV\end{matrix}\right\} > \left\{\begin{matrix}SK.KE+KE.VS\\ VK.KE\\ KM.MV\end{matrix}\right.$$

mithin liegt G dem Halbirungspunkte von KV näher, als M (El. II. 5.). Ist nun $YG > GM$, so ist also auch

$$\left.\begin{matrix}KM.MV\\VK.KE\end{matrix}\right\} > KY.YV$$

somit $YK : KE < KV : VY$ (Hauber §. 53.)

also $\left.\begin{matrix}YK : \left\{\begin{matrix}YK-KE\\YE\end{matrix}\right\}\\OK : XE\end{matrix}\right\} > KV : \left\{\begin{matrix}KV-VY\\KY\end{matrix}\right.$ (Hauber §. 24.)

wenn OY die AB in X schneidet,

folglich $\left.\begin{matrix}OK : KV\\EL : KM\end{matrix}\right\} > EX : KY$

mithin bestimmen die dem Punkte G näher liegenden Punkte der Linie ES gröſsere Verhältniſse, als die entfernteren.

Zus. 2. (Apoll.)

Errichtet man (Fig. 16.) in dem zweiten Durchschnitte R′ des Kreises und der Linie TU ein Perpendikel auf TU, welches die CD in G′ schneide, so ist $SG'.G'K = SK.KE$

also $G'K : KE = KS : SG'$

Da $KS > SG'$

so ist $G'K > KE$

folglich liegt auch der Punkt G′ auf der Linie EC.

Ferner ist $\left.\begin{matrix}G'K : \left\{\begin{matrix}G'K-KE\\EG'\end{matrix}\right\}\\OK : EH'\end{matrix}\right\} = KS : \left\{\begin{matrix}KS-SG'\\KG'\end{matrix}\right.$

also $\left.\begin{matrix}OK : KS\\p : q\end{matrix}\right\} = EH' : KG'$

Es ist mithin eine zweite Linie OG' gefunden, welche auf den Linien EA, KC Segmente in dem gegebenen Verhältnifse abschneidet.

Anm. zu loc. V.

Die in loc. V. enthaltene Aufgabe kann, je nachdem $p : q \left\{\begin{matrix} = \\ > \\ < \end{matrix}\right\} OK : 4KE$, nach Fall $\left\{\begin{matrix} 1.2.3. \\ 1.2. \\ 1.2.3. \end{matrix}\right\}$ aufgelöfst werden.

b.) zwischen E,K. (Fig. 17—21.). (Loc. VI.)

Fall 1.

Die Segmente sollen liegen auf den Linien EA, FD. (Fig. 17.)

Analysis.

Buchst., wie loc. IV. Fall 2. Anal.

Construction.

Buchst., wie zu loc. IV. Fall 1.

Beweis.

Es ist KG.GS=FS.EK (Lehns. B.)

also GK : KE=FS : SG

folglich p : q=EH : FG, wie loc. IV. Fall 1. Bew.

Zus. 1. (Apoll.)

Für eine andere die geraden Linien AE, FD in L, M schneidende gerade Linie OM ist

$EL \lessgtr EH, FM \gtrless FG$

also $EL : FM \lessgtr EH : FG$ (Hauber §. 41.)

mithin bestimmen die dem Punkte E näher liegenden Punkte der Linie KD gröfsere Verhältnifse, als die entfernteren.

Zus. 2

Errichtet man in dem zweiten Durchschnitte R des Kreises und der Linie TU auf TU ein Perpendikel R'G', welches die Linie CD in G' schneide, so ist KG'. G'S = FS. EK

also $\left.\begin{matrix} KG'.G'S \\ G'\alpha^2-\alpha S^2 \end{matrix}\right\} > \left\{\begin{matrix} KF.FS \\ F\alpha^2-\alpha S^2 \end{matrix}\right.$, $\left.\begin{matrix} KG'.G'S \\ G'\alpha^2-\alpha S^2 \end{matrix}\right\} < \left\{\begin{matrix} SE.EK \\ E\alpha^2-\alpha S^2 \\ \text{w. } K\alpha=\alpha S, \end{matrix}\right.$

folglich $G'\alpha > \alpha F$, $G\alpha < \alpha E$

mithin liegt G' zwischen E, F.

Ferner ist EK : KG' = G'S : SF

also p : q = EH' : FG' (buchst., wie loc. IV. Fall 3. Bew.), mithin ist eine Linie OG' gefunden, welche von den Linien FE, EB Segmente in dem gegebenen Verhältnifse abschneidet, welches Fall 3. ist.

Fall 2.

Die Segmente sollen liegen auf den Linien FD, EB. (Fig. 18. 19.)

Analysis.

Buchst., wie zu loc. IV. Fall 1.

Construction.

Buchst., wie zu loc. IV. Fall 1.

Determination.

Damit der Kreis der geraden Linie TU begegne, mufs seyn $\left.\begin{matrix} UK.ST \\ EK.FS \end{matrix}\right\} \overset{=}{<} \left\{\begin{matrix} \frac{1}{4}KS^2 \\ \frac{1}{4}(KF+FS)^2 \end{matrix}\right.$ (Lehns. A. Det.)

also $4EK.FS \overset{=}{<} KF^2+2KF.FS+FS^2$ (El. II. 4.)

folglich $2(2EK-KF)FS-KF^2 \overset{=}{<} FS^2$

mithin $\left.\begin{matrix}(KE+EF)^2-(KE-EF)^2\\ \text{(El. II. 4. 7.)}\ 4KE.EF\end{matrix}\right\} \overset{=}{<} (KE+EF)^2-2(KE+EF)FS+FS^2$

somit $2\sqrt{KE.EF} \overset{=}{<} KE+EF-FS$

demnach $FS \overset{=}{<} KE+EF-2\sqrt{KE.EF}$

also $\left.\begin{matrix}OK : FS\\ p : q\end{matrix}\right\} \overset{=}{>} OK : KE+EF-2\sqrt{KE.EF}$ (El. V. 8.)

Beweis.

Es ist $\left.\begin{matrix}p : q\\ OK : FS\end{matrix}\right\} \overset{=}{>} OK : KE+EF-2\sqrt{KE.EF}$ (Det.)

also $FS \overset{=}{<} KE+EF-2\sqrt{KE.EF}$ (El. V. 10.)

folglich $2\sqrt{KE.EF} \overset{=}{<} KE+EF-FS$

mithin $\left.\begin{matrix}4KE.EF\\ (KE+EF)^2-\left\{\begin{matrix}(KE-EF)^2\\ KF^2\end{matrix}\right.\end{matrix}\right\} \overset{=}{<} (KE+EF)^2-\left\{\begin{matrix}2(KE+EF)\\ 2(2EK-KF)\end{matrix}\right\} FS+FS^2$

somit $2(2EK-KF)FS \overset{=}{<} KF^2+FS^2$

demnach $4EK.FS \overset{=}{<} KF^2+2KF.FS+FS^2$

also $\left.\begin{matrix}EK.FS\\ UK.ST\end{matrix}\right\} \overset{=}{<} \left\{\begin{matrix}\frac{1}{4}(KF+FS)^2\\ \frac{1}{4}KS^2\end{matrix}\right.$

folglich berührt (Fig. 18.), oder schneidet (Fig. 19.) der Kreis die gerade Linie T U, so daſs $KG.GS=EK.FS$

also $GK : KE=FS : SG$

Nun ist $FK<KE$

also $KF.FS < EK.FS$ (El. VI. 1.)

folglich $\left.\begin{matrix}KF(KF+FS)\\FK.KS\end{matrix}\right\} < KF^2 + \left\{\begin{matrix}EK.FS\\KG.GS\\\frac{1}{4}KS^2 - G\alpha^2\end{matrix}\right.$, wenn $K\alpha = \alpha S$,

mithin $G\alpha^2 < (KF - \frac{1}{2}KS)^2$

somit $G\alpha < KF - \frac{1}{2}KS$

demnach $\left.\begin{matrix}\frac{1}{2}KS + G\alpha\\KG\end{matrix}\right\} < KF$

also liegt G zwischen K, F.

Ferner ist $\left.\begin{matrix}KG : \left\{\begin{matrix}EK-KG\\GE\end{matrix}\right.\\OK : HE\end{matrix}\right\} = FS : \left\{\begin{matrix}GS-SF\\FG\end{matrix}\right.$

also $\left.\begin{matrix}\left.\begin{matrix}OK\\NF\end{matrix}\right\} : FS\\p : q\end{matrix}\right\} = EH : FG$

Zus. 1. (Apoll.)

Für eine andere, die Linien KF, EB (Fig. 18.) in M, L schneidende gerade Linie OM ist

$\left.\begin{matrix}KG.GS\\SF.KE\end{matrix}\right\} > KM.MS$, weil $KG = GS$,

also $MK : KE < FS : SM$ (Hauber §. 53.)

folglich $\left.\begin{matrix}MK : \left\{\begin{matrix}EK-KM\\ME\end{matrix}\right.\\OK : EL\end{matrix}\right\} < FS : \left\{\begin{matrix}MS-SF\\MF\end{matrix}\right.$ (Hauber §. 28.)

mithin $\left.\begin{matrix}OK : FS\\EH : FG\end{matrix}\right\} < EL : MF$ (Hauber §. 43.)

Der Punkt G, für welchen $GE = \sqrt{KE.EF}$, bestimmt also ein kleineres Verhältnifs, als jeder andere Punkt der Linie KF.

Macht man $EL : FM = OK : FV$

so ist $OK : FV > OK : FS$

also $FV < FS$ (El. V. 10.)

Auch ist $\left.\begin{array}{l} EL : OK \\ EM : MK \end{array}\right\} = MF : FV$

folglich $\left.\begin{array}{l} EM+MK \\ EK \end{array}\right\} : MK = \left\{\begin{array}{l} MF+FV \\ MV \end{array}\right\} : FV$

mithin $KM.MV = EK.FV$

Ferner ist $GK < KE$

also $GK.VS < KE.VS$ (El. VI. 1.)

folglich $\left.\begin{array}{l} KG(GS-SV) \\ KG.GV \end{array}\right\} > \left\{\begin{array}{l} (FS-SV)KE \\ FV.KE \\ KM.MV \end{array}\right.$

also liegt G dem Halbirungspunkte von KV näher, als M. (El. II. 5.). Ist nun $YG > GM$, so ist

$\left.\begin{array}{l} KM.MV \\ EK.FV \end{array}\right\} > KY.YV$

also $YK : KE < FV : VY$ (Hauber §. 53.)

folglich $\left.\begin{array}{l} YK : \left\{\begin{array}{l} EK-KY \\ YE \end{array}\right. \\ OK : EX \end{array}\right\} < FV : \left\{\begin{array}{l} YV-VF \\ YF \end{array}\right.$ (Hauber §. 28.)

wenn OY der EB in X begegnet,

also $\left.\begin{array}{l} OK : FV \\ EL : FM \end{array}\right\} < EX : FY$

mithin bestimmen die dem Punkte G näher liegenden Punkte kleinere Verhältnifse, als die entfernteren.

Zus. 2. (Apoll.)

Errichtet man in dem zweiten Durchschnitte R′ (Fig. 19.) des Kreises und der Linie TU ein Perpendikel auf TU, welches der KF in G′ begegne, so ist

$$SG'.G'K = FS.EK$$

also $G'K : KE = FS : SG'$

folglich $p : q = H'E : G'F$, wie loc. IV. Fall 1. Zus. 2., mithin ist eine zweite Linie OG′ gefunden, welche von den Linien EB, FG Segmente in dem gegebenen Verhältnifse abschneidet.

Fall 3.

Die Segmente sollen liegen auf den Linien FE, EB. (Fig. 17.)

Analysis.

Es sey H′G′ die gesuchte Linie. Macht man OK ⋕ AB, und $OK : FS = p : q$, so ist, wie loc. IV. Fall 3. Anal., $KG'.G'S$ der Gröfse nach, und da $SG' - G'K = SK$ gegeben ist, KG′ (Dat. 85.), somit G′ und die Linie OG′ der Lage nach gegeben.

Construction.

Buchst., wie zu loc. IV. Fall 1., wenn man R′, G′, H′ statt R, G, H setzt.

Beweis.

Es ist $KG'.G'S = FS.EK$

also $p : q = EH' : FG'$ (buchst., wie Fall 1. Zus. 2.)

Zus. 1. (Apoll.)

Für eine andere die Linien FE, EB in M', L' schneidende gerade Linie ist

$EL' \lesseqgtr EH', \; FM' \gtreqless FG'$

---

also $EL' : FM' \lesseqgtr EH' : FG'$ (Hauber §. 41.)

folglich bestimmen die dem Punkte E näher liegenden Punkte der Linie EF kleinere Verhältnifse, als die entfernteren.

Zus. 2.

Errichtet man in dem zweiten Durchschnitte R des Kreises und der geraden Linie TU ein Perpendikel auf TU, welches die Linie FD in G schneide, so ist $KG.GS = FS.KE$

---

also $EH : FG = p : q$ (buchst., wie zu Fall 1. Bew.)

Es ist also auch eine Linie OG gefunden, welche von den Linien EA, FD Segmente in dem gegebenen Verhältnifse abschneidet, welches Fall 1. ist.

Fall 4.

Die Segmente sollen liegen auf den Linien EA, FC. (Fig. 20. 21.)

Analysis. Construction.

Buchst., wie zu loc. IV. Fall 1.

Determination.

Damit der Kreis der geraden Linie TU begegne,

mufs seyn $\left.\begin{matrix} UK.ST \\ EK.FS \end{matrix}\right\} \overset{=}{<} \left\{\begin{matrix} \frac{1}{4}SK^2 \\ \frac{1}{4}(KF+FS)^2 \end{matrix}\right.$

---

also $4EK.FS \overset{=}{<} KF^2 + 2KF.FS + FS^2$

---

folglich $2(2EK-KF)FS-KF^2 \leqq FS^2$

mithin $\left.\begin{matrix}(KE+EF)^2-(KE-EF)^2\\ 4KE.EF\end{matrix}\right\} \leqq FS^2-2(KE+EF)FS+(KE+EF)^2$

somit $2\sqrt{KE.EF} \leqq FS-(KE+EF)$

demnach $KE+EF+2\sqrt{KE.EF} \leqq FS$

also $\left.\begin{matrix}OK:FS\\ p:q\end{matrix}\right\} \leqq OK:KE+EF+2\sqrt{KE.EF}$

Beweis.

Es ist $\left.\begin{matrix}p:q\\ OK:FS\end{matrix}\right\} \leqq OK:KE+EF+2\sqrt{KE.EF}$

also $FS \geqq KE+EF+2\sqrt{KE.EF}$

folglich $FS-(KE+EF) \geqq 2\sqrt{KE.EF}$

mithin

$FS^2-2(KE+EF)FS+(KE+EF)^2 \geqq \left\{\begin{matrix}4KE.EF\\ (KE+EF)^2-(KE-EF)^2\end{matrix}\right.$

somit $FS^2 \geqq 2(2KE-KF)FS-KF^2$

demnach $KF^2+2KF.FS+FS^2 \geqq 4KE.FS$

also $\left.\begin{matrix}\frac{1}{4}(KF+FS)^2\\ \frac{1}{4}KS^2\end{matrix}\right\} \geqq \left\{\begin{matrix}KE.FS\\ UK.TS\end{matrix}\right.$

folglich berührt (Fig. 20.), oder schneidet (Fig. 21.) der Kreis die Linie TU, so daſs $KG.GS=KE.FS$

also $GK:KE=FS:SG$

Nun ist $FK<KE$

also $KF.FS < FS.KE$

folglich $\left.\begin{matrix} KF(KF+FS) \\ FK.KS \end{matrix}\right\} < KF^2 + \left\{\begin{matrix} KG.GS \\ \frac{1}{4}KS^2 - G\alpha^2 \end{matrix}\right.$, wenn $K\alpha = \alpha S$,

mithin $G\alpha^2 < (\frac{1}{2}KS - KF)^2$

somit $KF < \left\{\begin{matrix} \frac{1}{2}KS - G\alpha \\ KG \end{matrix}\right.$

demnach $FS > SG$

also $GK > KE$

folglich liegt G auf der Linie EC.

Auch ist $\left.\begin{matrix} GK : \left\{\begin{matrix} GK - KE \\ EG \end{matrix}\right. \\ OK : HE \end{matrix}\right\} = FS : \left\{\begin{matrix} FS - SG \\ FG \end{matrix}\right.$

mithin $\left.\begin{matrix} \left.\begin{matrix} OK \\ NF \end{matrix}\right\} : FS \\ p : q \end{matrix}\right\} = HE : FG$

Zus. 1. (Apoll.)

Für eine andere, die Linien EA, FS (Fig. 20.) in L, M schneidende gerade Linie OM ist

$\left.\begin{matrix} KG.GS \\ SF.KE \end{matrix}\right\} > KM.MS$

also $MK : KE < FS : SM$

folglich $\left.\begin{matrix} MK : \left\{\begin{matrix} MK - KE \\ ME \end{matrix}\right. \\ OK : EL \end{matrix}\right\} > FS : \left\{\begin{matrix} FS - SM \\ FM \end{matrix}\right.$ (Hauber §. 24.)

mithin $\left.\begin{matrix} OK : FS \\ EH : FG \end{matrix}\right\} > EL : FM$

demnach bestimmt der Punkt G, für welchen $GE = \sqrt{FE.EK}$, ein gröſseres Verhältniſs, als jeder andere Punkt der Linie ES.

Macht man $EL : FM = OK : FV$

$$\text{so ist } OK : FV < OK : FS$$

$$\text{also } FV > FS$$

$$\text{Auch ist } \left.\begin{array}{l} EL : OK \\ EM : MK \end{array}\right\} = FM : FV$$

$$\text{folglich } \left.\begin{array}{c} KM - ME \\ EK \end{array}\right\} : MK = \left\{\begin{array}{c} VF - FM \\ MV \end{array}\right\} : FV$$

$$\text{mithin } KM.MV = EK.FV$$

$$\text{Ferner ist } GK > KE$$

$$\text{also } GK.VS > KE.VS$$

$$\text{folglich } \left.\begin{array}{l} GK(GS+SV) \\ KG.GV \end{array}\right\} > \left\{\begin{array}{l} EK(FS+SV) \\ EK.FV \\ KM.MV \end{array}\right.$$

also liegt G dem Halbirungspunkte von KV näher, als M. Ist nun $YG > GM$

$$\text{so ist } \left.\begin{array}{l} KM.MV \\ EK.FV \end{array}\right\} > KY.YV \quad \text{(El. II. 5.)}$$

$$\text{also } YK : KE < FV : VY$$

$$\text{folglich } \left.\begin{array}{l} YK : \left\{\begin{array}{l} YK\ KE \\ YE \end{array}\right\} \\ OK : EX \end{array}\right\} > FV : \left\{\begin{array}{l} FV - VY \\ FY \end{array}\right. \quad \text{(Hauber §. 24.)}$$

wenn OY die AB in X schneidet,

$$\text{mithin } \left.\begin{array}{l} OK : FV \\ EL : FM \end{array}\right\} > EX : FY$$

Demnach bestimmen die dem Punkte G näher liegenden Punkte gröfsere Verhältnifse, als die entfernteren.

Zus. 2. (Apoll.)

Errichtet man (Fig. 21.) in dem zweiten Durchschnitte R' des Kreises mit der Linie TU ein Perpendikel auf TU, welches der Linie KS in G' begegne, so liegt auch G' auf EC, und wenn OG' der AE in H' begegnet, so ist p : q=H'E : FG', welches eben so bewiesen wird, wie es für EH, FG geschehen ist.

Anm. zu loc. VI.

Wenn das gegebene Verhältnifs

$$p : q \left\{ \begin{matrix} \geqq OK : KE+EF-2\sqrt{KE.EF} \\ \leqq OK : KE+EF+2\sqrt{KE.EF} \end{matrix} \right\}$$

, so kann die Aufgabe nach Fall $\left\{ \begin{matrix} 1.\ 2.\ 3. \\ 1.\ 3\ 4. \end{matrix} \right\}$ aufgelöst werden.

c.) auf der Verlängerung von EK. (Fig. 22–26.). (Loc. VII.)

Fall I.

Die Segmente sollen liegen auf den Linien EA, FD. (Fig. 22.)

Analysis.

Buchst., wie zu loc. IV. Fall 2.

Construction.

Buchst., wie zu loc. IV. Fall 1.

Beweis.

Es ist KG.GS=EK.FS

also $GK : KE = FS : SG$

folglich $p : q = EH : FG$ (wie loc. IV. Fall 1. Bew.)

Zus. 1. (Apoll.)

Buchst., wie zu loc. VI. Fall 1. Zus. 1.

Zus. 2.

Errichtet man auch in dem zweiten Durchschnitte R′ der Linie TU und des Kreises ein Perpendikel auf TU, so ist $KG'.G'S = FS.KE$

also $G'K : KE = FS : SG'$

Da $FS < SG'$ (Lehns. B.)

so ist $G'K < KE$

also liegt der Punkt G′ zwischen K, E.

Ferner ist $G'K : \left\{\begin{matrix} EK - KG' \\ EG' \end{matrix}\right\} = FS : \left\{\begin{matrix} G'S - SF \\ G'F \end{matrix}\right\}$

$OK : EH'$ = wenn die gerade Linie OG′ die Linie EB in H′ schneidet,

folglich $\left.\begin{matrix} OK : FS \\ p : q \end{matrix}\right\} = EH' : FG'$

Es ist mithin eine Linie OG′ gefunden, welche von den Linien FE, EB Segmente in dem gegebenen Verhältnifse abschneidet, welches Fall 3. ist.

Fall 2.

Die Segmente sollen liegen auf den Linien EA, FK. (Fig. 23. 24.)

Analysis. Construction.

Buchst., wie zu loc. IV. Fall 1.

Determination.

Damit der Kreis der geraden Linie TU begegne, muſs seyn $\left.\begin{matrix}UK.ST\\EK.FS\end{matrix}\right\}\overset{=}{<}\left\{\begin{matrix}\frac{1}{4}SK^2\\\frac{1}{4}(KF-FS)^2\end{matrix}\right.$

also $4EK.FS\overset{=}{<}KF^2-2KF.FS+FS^2$

folglich $\left.\begin{matrix}2(2EK+KF)FS\\2(FE+EK)FS\end{matrix}\right\}-KF^2\overset{=}{<}FS^2$

mithin $\left.\begin{matrix}(FE+EK)^2\ (FE-EK)^2\\4FE.EK\end{matrix}\right\}\overset{=}{<}(FE+EK)^2-2(FE+EK)FS+FS^2$

somit $2\sqrt{FE.EK}\overset{=}{<}(FE+EK)-FS$

demnach $FS\overset{=}{<}FE+EK-2\sqrt{FE.EK}$

also $\left.\begin{matrix}OK:FS\\p:q\end{matrix}\right\}\overset{=}{>}OK:FE+EK-2\sqrt{FE.EK}$

Beweis.

Es ist $\left.\begin{matrix}p:q\\OK:FS\end{matrix}\right\}\overset{=}{>}OK:FE+EK-2\sqrt{FE.EK}$

also $FS\overset{=}{<}\left\{\begin{matrix}FE+EK-2\sqrt{FE.EK}\\FK+2KE-2\sqrt{FE.EK}\end{matrix}\right.$

folglich $\left.\begin{matrix}4FE.EK\\(FE+EK)^2-\left\{\begin{matrix}(FE-EK)^2\\FK^2\end{matrix}\right\}\end{matrix}\right\}\overset{=}{<}(FE+EK)^2-\left\{\begin{matrix}2(FE+EK)FS\\2(2EK+KF)FS\end{matrix}\right\}+FS^2$

mithin $4EK.FS\overset{=}{<}\left\{\begin{matrix}FK^2-2KF.FS+FS^2\\KS^2\end{matrix}\right.$

somit $EK.FS\overset{=}{<}\frac{1}{4}KS^2$

Der Kreis berührt also (Fig. 23.), oder schneidet (Fig. 24.) die Linie TU.

Auch ist $FS \stackrel{=}{<} FK + 2KE - 2\sqrt{FE.EK}$

also $FS < FK$

folglich liegt G zwischen K, F.

Ferner ist $KG.GS = UK.ST$
$= FS.EK$

also $GK : KE = FS : SG$

folglich $\left.\begin{array}{l} KG : \left\{\begin{array}{c} GK+KE \\ GE \end{array}\right\} \\ OK : HE \end{array}\right\} = FS : \left\{\begin{array}{c} FS+SG \\ FG \end{array}\right.$

mithin $\left.\begin{array}{l} \left.\begin{array}{c} OK \\ NF \end{array}\right\} : FS \\ \quad p : q \end{array}\right\} = HE : FG$

Zus. 1. (Apoll.)

Für eine andere (Fig. 23.), die Linien AE, KS in L, M schneidende gerade Linie OM ist

$\left.\begin{array}{c} KG.GS \\ SF.KE \end{array}\right\} > KM.MS$

also $MK : KE < FS : SM$

folglich $\left.\begin{array}{l} MK : \left\{\begin{array}{c} MK+KE \\ ME \end{array}\right\} \\ OK : EL \end{array}\right\} < FS : \left\{\begin{array}{c} FS+SM \\ FM \end{array}\right.$ (Hauber §.25.)

mithin $\left.\begin{array}{c} OK : FS \\ EH : FG \end{array}\right\} < EL : FM$

Der Punkt G, für welchen $GE = \sqrt{FE.EK}$, bestimmt also ein kleineres Verhältnifs, als jeder andere Punkt der Linie KS.

Macht man $EL : FM = OK : FV$

so ist $OK : FV > OK : FS$

also $FV < FS$

Auch ist $\left.\begin{matrix} EL : OK \\ EM : MK \end{matrix}\right\} = MF : FV$

folglich $\left.\begin{matrix} EM - MK \\ EK \end{matrix}\right\} : KM = \left\{\begin{matrix} MF - FV \\ MV \end{matrix}\right\} : VF$

mithin $KM . MV = EK . VF$

Ferner ist $FS > FV$

also $\left.\begin{matrix} EK . FS \\ KG . GS \end{matrix}\right\} > \left\{\begin{matrix} EK . FV \\ KM . MV \end{matrix}\right.$

folglich $KG . GV > KM . MV$

mithin liegt G dem Halbirungspunkte von KV näher, als M. Ist nun $YG > GM$, so ist

$\left.\begin{matrix} KM . MV \\ EK . VF \end{matrix}\right\} > KY . YV$

also $KY : KE < VF : VY$

folglich $\left.\begin{matrix} KY : \left\{\begin{matrix} KY + KE \\ YE \end{matrix}\right\} \\ OK : EX \end{matrix}\right\} < VF : \left\{\begin{matrix} VF + VY \\ FY \end{matrix}\right.$ wenn OY der AE in X begegnet,

mithin $\left.\begin{matrix} OK : FV \\ EL : FM \end{matrix}\right\} < EX : FY$

mithin bestimmen die dem Punkte G näher liegenden Punkte der Linie KS kleinere Verhältnisse, als die entfernteren.

Zus. 2. (Apoll.)

Errichtet man (Fig. 24.) auch in dem zweiten Durchschnitte R′ der Linie TU und des Kreises ein Perpendikel auf TU, so liegt G′ zwischen K, F, und es ist $KG'.G'S = EK.FS$

---

also $p : q = H'E : FG'$, welches bewiesen wird, wie es für die Linien HE, FG bewiesen wurde.

Fall 3.

Die Segmente sollen liegen auf den Linien KE, EB. (Fig. 22.)

Analysis.

Buchst., wie zu loc. IV. Fall 3.

Construction.

Buchst., wie zu loc. IV. Fall 1., wenn man R′, G′, H′ statt R, G, H setzt.

Beweis.

Es ist $KG'.G'S = FS.KE$

---

also $p : q = EH' : FG'$ (buchst., wie Fall 1. Zus. 2.)

Zus. 1. (Apoll.)

Für eine andere, die Linien EB, FE in L′, M′ schneidende gerade Linie OM ist

$$FM' \left\{\gtrless\right\} FG', EL' \left\{\lessgtr\right\} EH'$$

---

also $EL' : FM' \lessgtr EH' : FG'$ (Hauber §. 41.)

Die dem Punkte E näher liegenden Punkte der Linie EK bestimmen also kleinere Verhältnisse, als die entfernteren.

Zus. 2.

Errichtet man auch in dem zweiten Durchschnitte R der Linie TU und des Kreises ein Perpendikel auf TU, welches der ED in M begegne, so ist

$$KG.GS = EK.FS$$

also $p : q = EH : FG$ (wie Fall 1. Bew.). Es ist mithin eine Linie OG gefunden worden, welche von den Linien EA, FD Segmente in dem gegebenen Verhältnifse abschneidet, welches Fall 1. ist.

Fall 4.

Die Segmente sollen liegen auf den Linien EA, FC. (Fig. 25. 26.)

Analysis. Construction.

Buchst., wie zu loc. IV. Fall 1.

Determination.

Damit der Kreis die Linie TU erreiche, mufs seyn

$$\left.\begin{matrix} UK.ST \\ EK.FS \end{matrix}\right\} \leqq \left\{\begin{matrix} \tfrac{1}{4}SK^2 \\ \tfrac{1}{4}(SF-FK)^2 \end{matrix}\right.$$

$$\text{also } 4EK.FS \leqq FS^2 - 2SF.FK + FK^2$$

folglich

$$\left.\begin{matrix} (FE+EK)^2\cdot(FE-EK)^2 \\ 4FE.EK \end{matrix}\right\} \leqq FS^2 - \left\{\begin{matrix} 2(2EK+KF)FS \\ 2(FE+EK)FS \end{matrix}\right\} + (FE+EK)^2$$

$$\text{mithin } 2\sqrt{FE.EK} \leqq FS - (FE+EK)$$

$$\text{somit } FE+EK+2\sqrt{FE.EK} \leqq FS$$

$$\text{demnach } \left.\begin{matrix} OK : FS \\ p : q \end{matrix}\right\} \leqq OK : FE+EK+2\sqrt{FE.EK}$$

Beweis.

Es ist $\left.\begin{matrix} p : q \\ OK : FS \end{matrix}\right\} \leqq OK : FE+EK+2\sqrt{FE.EK}$

also $FS \geqq FE+EK+2\sqrt{FE.EK}$

folglich $FS-(FE+EK) \geqq 2\sqrt{FE.EK}$

mithin

$$FS^2 - \left\{\begin{matrix} 2(FE+EK)FS \\ 2(2EK+KF)FS \end{matrix}\right\} + (FE+EK)^2 \geqq \left\{\begin{matrix} 4FE.EK \\ (FE+EK)^2-(FE-EK)^2 \end{matrix}\right.$$

somit $FS^2-2KF.FS+FK^2 \geqq 4EK.FS$

demnach $\left.\begin{matrix} \frac{1}{4}(FS-FK)^2 \\ \frac{1}{4}KS^2 \end{matrix}\right\} \geqq EK.FS$

Der Kreis berührt also (Fig. 25.), oder schneidet (Fig. 26.) die Linie TU, so daſs $KG.GS=UK.ST$
$=FS.EK$

folglich $GK : KE=FS : SG$

Da $FS>SG$

so ist $GK>KE$

also liegt der Punkt G auf der Linie EC.

Ferner ist $\left.\begin{matrix} KG : \left\{\begin{matrix} GK-KE \\ GE \end{matrix}\right\} \\ OK : HE \end{matrix}\right\} = FS : \left\{\begin{matrix} FS-SG \\ FG \end{matrix}\right.$

somit $\left.\begin{matrix} OK . FS \\ p . q \end{matrix}\right\} = HE : FG$

Zus. 1. (Apoll.)

Für eine andere, die Linien EC, EA (Fig. 25.) in M, L schneidende gerade Linie OM ist

$$\left.\begin{matrix} KG.GS \\ SF.KE \end{matrix}\right\} > KM.MS$$

also $MK : KE < FS : SM$

also bestimmt der Punkt G, für welchen $GE = \sqrt{FE.EK}$, ein gröſseres Verhältniſs, als jeder andere Punkt der Linie E S, und die demselben näher liegenden Punkte bestimmen gröſsere Verhältniſse, als die entfernteren, welches buchst. wie zu loc. VI, Fall 4. Zus. 1. bewiesen wird.

Zus. 2. (Apoll.)

Errichtet man (Fig. 26.) in dem zweiten Durchschnitte R' der Linie TU und des Kreises ein Perpendikel auf TU, welches der KC in G' begegne, so liegt auch G' auf EC, und wenn OG' der AE in H' begegnet, so ist $p : q = EH' : FG'$, welches eben so bewiesen wird, wie es für EH, FG geschehen ist.

Anm. zu loc. VII.

Wenn das gegebene Verhältniſs

$$p : q \left\{\begin{matrix} \overset{=}{>} OK : FE + EK - 2\sqrt{FE.EK} \\ \overset{=}{<} OK : FE + EK + 2\sqrt{FE.EK} \end{matrix}\right\},$$ so kann die Aufgabe nach Fall $\left\{\begin{matrix} 1.2.3. \\ 1.3.4. \end{matrix}\right\}$ aufgelöſst werden.

Zweites Buch.

Die gegebenen Linien sind nicht parallel, und die gegebenen Punkte liegen beide außerhalb des Durchschnittspunktes derselben. (Fig. 27—104.)

Bezeichnet man den Durchschnittspunkt der Linien AB, CD mit I, so liege der auf der Linie AB gegebene Punkt F

I.) auf IB. (Fig. 27—69.). (Loc. I—VII.)
Der auf CD gegebene Punkt G liege

1.) auf IC. (Fig. 27—29.). (Loc. I.)

Fall 1.

Die gesuchten Segmente sollen liegen auf den Linien FA, GC. (Fig. 27.)

Analysis.

Es sey LX die gesuchte Linie. Zieht man die gerade Linie OF, welche die Linie CD in E schneide, so ist, wenn EH # AB, und H der Durchschnitt der Linien EH, OX ist, FL : EH = FO : OE (El. VI. 4.), also ist das Verhältnifs FL : EH gegeben (Dat. 28. 2.). Da auch das Verhältnifs FL : GX gegeben ist (p. hyp.), so ist das Verhältnifs EH : GX gegeben (Dat. 9.), mithin die Aufgabe auf lib. I. loc. IV. Fall 1. reducirt.

Construction.

Man ziehe die gerade Linie OF, welche der Linie CD in E begegne, mache OK#EH#VG#AB, OV#FN#CD, NP=p, NQ=q, wenn das gegebene Verhältnifs =p : q, wobey p, q gegebene Linien bezeichnen, VM#PQ, bezeichne den Durchschnitt der Linien FN, VM mit M, nehme MS#AB, bezeichne den Durchschnitt der Linien MS, CD mit S, mache GST=R=SKU, TS=SG, UK=KE, beschreibe über KS als Durchmesser einen Kreis, welcher der geraden Linie TU in R begegne, errichte in R auf TU ein Perpendikel, welches der Linie CD in X begegne, und ziehe OX, welche in L die Linie AB schneide, so sind FL, GX die gesuchten Segmente.

Beweis.

Vermöge lib. I. loc. IV. Fall 1. Bew. ist

$$EH : GX = VG : \begin{cases} GS \\ MN \end{cases}$$

Nun ist FL : EH = FO : OE
= NV : VG (El. VI. 2.)

also ist FL : GX = VN : NM (El. V. 20.)
= PN : NQ
= p : q

Zus. 1.

Vermöge lib. I. loc. IV. Fall 1. Zus. 1. ist für eine andere die Linien AI, GS, EH in Z, Y, W schneidende gerade Linie OY

$$EW : GY \begin{Bmatrix} > \\ < \end{Bmatrix} VG : \begin{cases} GS \\ MN \end{cases}$$

$$\text{Da auch } FZ : EW = FO : OE$$
$$= NV : VG$$

$$\text{so ist } FZ : GY \begin{Bmatrix} > \\ < \end{Bmatrix} \begin{cases} NV : MN \\ FL : GX \end{cases}$$

Also bestimmen die dem Punkte I näher liegenden Punkte der Linie GS gröfsere Verhältnifse, als die entfernteren.

Zus. 2.

Vermöge lib. I. loc. IV. Fall 1. Zus. 2. schneidet ein in dem zweiten Durchschnitte R' des Kreises und der Linie TU auf dieser Linie errichtetes Perpendikel die Linie EK in einem Punkte X' so, dafs, wenn OX' die Linien HE, FB in H', L' schneidet;

$$EH' : GX' = VG : \begin{cases} GS \\ MN \end{cases}$$

$$\text{Nun ist } FL' : EH' = FO : OE$$
$$= NV : VG$$

$$\text{also } FL' : GX' = NV : MN$$
$$= p : q$$

Es ist mithin auch eine gerade Linie OX' gefunden, welche von den Linien FB, GK Segmente in dem gegebenen Verhältnifse abschneidet, welches Fall 3. ist.

Fall 2.

Die Segmente sollen liegen auf den Linien GI, FA. (Fig. 28. a.)

Analysis.

Buchst., wie zu Fall 1., also ist die Aufgabe auf lib. I. loc. IV. Fall 2. reducirt.

Construction.

Buchst., wie zu Fall 1.

Determination.

Da der Punkt X auf der Linie GI liegen soll, so wird $FL \geqq FI$, $GX \leqq GI$

also $FL : GX \geqq FI : IG$ (Hauber §. 41.)

mithin muſs $p : q \geqq FI : IG$ seyn.

Beweis.

Es ist vermöge lib. I. loc. IV. Fall 2. Bew.

$EH : GX = VG : GS$

also $FL : GX = p : q$ (buchst., wie Fall 1. Bew.)

Da $\left.\begin{matrix} p : q \\ FL : GX \end{matrix}\right\} \geqq FI : IG$ (Det.)

so ist auch $GX \leqq GI$, weil sonst auch $FL < FI$

also $FL : GX < FI : IG$ (Hauber §. 41.)

Zus. 1.

Für eine andere, die Linien EH, EA, GS in W, Z, Y schneidende gerade Linie OY ist (vermöge lib. I. loc. IV. Fall 2. Zus. 1.) $EW : GY \left\{\begin{matrix} > \\ < \end{matrix}\right\} VG : GS$

also $FZ : GY \gtrless FL : GX$ (wie Fall 1. Zus. 1.)

Es bestimmen also die dem Punkte I näher liegenden Punkte der Linie GS kleinere Verhältnisse, als die entfernteren.

Zus. 2.

Errichtet man in dem zweiten Durchschnitte R' der Linie TU und des Kreises ein Perpendikel auf TU, welches der Linie CD in X' begegne, so ist, wenn man die die Linien EH, AB in H', L' schneidende gerade Linie OX' zieht, (vermöge lib. I. loc. IV. Fall 2. Zus. 2.) H'E : GX'=VG : GS

also FL' : GX'=NV : GS (wie Fall 1. Zus. 2.)
= p : q

mithin ist eine Linie OX' gefunden, welche von den Linien FA, GD Segmente in dem gegebenen Verhältnisse abschneidet, welches Fall 5. ist.

Fall 3.

Die Segmente sollen liegen auf den Linien FB, GD. (Fig. 27.)

Analysis.

Buchst., wie zu Fall 1., wenn man L', H', X' statt L, H, X setzt, also ist der Fall reducirt auf lib. I. loc. IV. Fall 3.

Construction.

Buchst., wie zu Fall 1., wenn man R', X', H', L' statt R, X, H, L setzt.

Beweis.

Vermöge lib. I. loc. IV. Fall 3. Bew. ist
EH' : GX'=OK : GS

also FL' : GX'=p : q (wie zu Fall 1. Zus. 2.)

Zus. 1.

Vermöge lib. I. loc. IV. Fall 3. Zus. 1. ist für eine andere, die Linien EK, EH, FB in Y', W', Z' schneidende gerade Linie OZ, $EW' : GY' \lessgtr VG : \begin{cases} GS \\ MN \end{cases}$

$$\begin{aligned} \text{Da } FZ' : EW' &= FO : OE \\ &= NV : VG \end{aligned}$$

$$\text{so ist } FZ' : GY' \begin{Bmatrix} < \\ > \end{Bmatrix} \begin{cases} NV : NM \\ FL' : GX' \end{cases}$$

Es bestimmen also die dem Punkte I näher liegenden Punkte der Linie EK kleinere Verhältnifse, als die entfernteren.

Zus. 2.

Vermöge lib. I. loc. IV. Fall 3. Zus. 2. schneidet ein in dem zweiten Durchschnitte R der Linie TU und des Kreises auf TU errichtetes Perpendikel die Linie GS so, dafs, wenn die die Linien EH, IA in H, L schneidende gerade Linie OX gezogen wird,

$$HE : GX = VG : GS$$

---

also ist auch $FL : GX = p : q$ (wie zu Fall 1. Bew.)

Es ist folglich eine gerade Linie OX gefunden worden, welche von den Linien FA, GC Segmente in dem gegebenen Verhältnifse abschneidet, welches Fall 1. ist.

Fall 4.

Die Segmente sollen liegen auf den Linien FI, GD. (Fig. 28. b.)

Analysis.

Buchst., wie zu Fall 1., also ist die Aufgabe reducirt auf lib. I. loc. IV. Fall 2.

Construction.

Buchst., wie zu Fall 1.

Determination.

Da der Punkt X auf IE liegen soll, so wird

$FL < FI$, $GX > GI$

also $FL : GX < FI : IG$ (Hauber §. 41)

mithin muſs $p : q < FI : IG$ seyn.

Beweis.

Es ist vermöge lib. I. loc. IV. Fall 2. Bew.

$EH : GX = VG : GS$

also $FL : GX = p : q$ (wie Fall 1. Bew.)

Da $\left.\begin{matrix} p : q \\ FL : GX \end{matrix}\right\} < FI : IG$

so ist auch $GX \geqq GI$, weil sonst $FL \geqq GI$

also $FL : GX > FI : IG$ (Haub §. 41.)

Zus. 1.

Für eine andere, die Linien EH, EI, IF in W, Y, Z schneidende gerade Linie OZ ist (vermöge lib. I. loc. IV. Fall 2. Zus. 1.) $EW : GY \left\{\begin{matrix} > \\ < \end{matrix}\right\} VG : GS$

also $FZ : GY \gtrless FL : GX$ (wie Fall 1. Zus. 1.) Es bestimmen also die dem Punkte I näher liegenden Punkte der Linie EI kleinere Verhältniſse, als die entfernteren.

Zus. 2.

Buchst., wie Fall 2. Zus. 2.

Fall 5.

Die Segmente sollen liegen auf den Linien FA, GD. (Fig. 29.)

Analysis.

Buchst., wie zu Fall 1., also ist die Aufgabe auf lib. I. loc. IV. Fall 4. reducirt.

Construction und Beweis.

Buchst., wie zu Fall 1.

Zus. 1.

Vermöge lib. I. loc. IV. Fall 4. Zus. 1. ist für eine andere, die Linien AB, EH, KD in den Punkten Z, W, Y schneidende gerade Linie OY

$$\frac{EW : GY \gtrless VG : GS}{}$$

also FZ : GY $\gtrless$ FL : GX (wie Fall 1. Zus. 1.)

Es bestimmen also die dem Punkte I näher liegenden Punkte der Linie KD kleinere Verhältnifse, als die entferneren.

Zus. 2.

Errichtet man in dem zweiten Durchschnitte R' des Kreises und der Linie TU ein Perpendikel auf dieser Linie, so ist (vermöge lib. I. loc. IV. Fall 4. Zus. 2.), wenn die die Linien EH, AB in H', L' schneidende gerade Linie OX' gezogen wird,

$$\frac{EH' : GX' = VG : GS}{}$$

also FL' : GX' = p : q (wie Fall 1. Zus. 2.)

Es ist mithin eine Linie OX' gefunden worden, welche von den Linien GE, FA Segmente in dem gegebenen Verhältnifse abschneidet, welches Fall 2., oder Fall 4. ist, je nachdem X' auf GI, oder EI fällt.

2.) auf ID (Fig. 30 — 69.), und zwar, wenn die der AB parallel gezogene gerade Linie OK die gerade Linie ID in K schneidet,

A.) in K. (Fig. 30–39.). (Loc. II.)

Fall 1.

Die gesuchten Segmente sollen liegen auf den Linien GD, FA. (Fig. 30.)

Analysis.

Buchst., wie zu lib. II. loc. I. Fall 1., also ist die Aufgabe auf lib. I. loc. V. Fall 1. reducirt.

Construction.

Man ziehe die gerade Linie OF, welche der IK in E begegne, mache OKN#EH#AB, FNM# CD, NP=p, NQ=q, OM#PQ, MS#AB, bezeichne den Durchschnitt der Linien CD, MS mit S, beschreibe über KS als Durchmesser einen Kreis, mache UKS=KST=R, UK=KE, TS=SG, ziehe TU, errichte in dem Durchschnitte R des Kreises und der Linie TU ein Perpendikel auf TU, welches der KD in X begegne, und ziehe OX, welche die IA in L schneide, so sind FL, GX die gesuchten Segmente.

Beweis.

Vermöge lib. I. loc. V. Fall 1. Bew. ist

$$EH : GX = OK : \begin{cases} GS \\ MN \end{cases}$$

$$\text{Auch ist } FL : EH = FO : OE = NO : OK$$

$$\text{also ist } FL : GX = ON : NM = PN : NQ = p : q$$

Zus. 1.

Vermöge lib. I. loc. V. Fall 1. Zus. 1. ist, für eine andere, die Linien EH, IA, SD in W, Z, Y schneidende gerade Linie OY, $EW : GY \lesseqgtr OK : \begin{cases} GS \\ MN \end{cases}$

$$\text{Nun ist } FZ : EW = FO : OE = NO : OK$$

$$\text{also ist } FZ : GY \lesseqgtr \begin{cases} ON : NM \\ p : q \end{cases}$$

Mithin bestimmen die dem Punkte I näher liegenden Punkte der Linie SD kleinere Verhältnifse, als die entfernteren.

Zus. 2.

Errichtet man in dem zweiten Durchschnitte R' des Kreises und der Linie TU ein Perpendikel auf dieser Linie, welches der EK in X' begegne, so ist, wenn die Linie OX' gezogen wird, und mit H', L' die Durchschnittspunkte derselben mit EH, AB bezeichnet werden, (vermöge lib. I. loc. V. Fall 1. Zus. 2.)

EH' : GX'=OK : {GS / MN}

Nun ist FL' : EH'=FO : OE
=NO : OK

also ist FL' : GX'=ON : NM
= p : q

Es ist mithin auch eine gerade Linie OX' gefunden, welche von den Linien FB, GI Segmente in dem gegebenen Verhältnifse abschneidet, welches Fall 2. ist.

Fall 2.

Die Segmente sollen liegen auf den Linien FB, KI. (Fig. 30.)

Analysis.

Buchst., wie zu lib. II. loc. I. Fall 1., wenn man daselbst H', L', X' statt H, L, X setzt, also ist die Aufgabe auf lib. I. loc. V. Fall 2. reducirt.

Construction.

Buchst., wie zu Fall 1., wenn man R', X', H', L' statt R, X, H, L setzt.

Beweis.

Vermöge lib. I. loc. V. Fall 2. Bew. schneidet R'X' die Linie GE so, dafs EH' : GX'=OK : GS

also ist FL' : GX'=p : q (buchst., wie zu Fall 1. Zus. 2.)

Zus. 1.

Für eine andere, die Linien GE, EH', FB in Y', W', Z' schneidende gerade Linie OZ' ist (vermöge lib. I. loc. V. Fall 2. Zus. 1.)

$$EW' : GY' \lesseqgtr OK : \begin{cases} GS \\ MN \end{cases}$$

Es ist aber $FZ' : EW' = FO : OE$
$= NO : OK$

---

also ist $FZ' : GY' \lesseqgtr \begin{cases} ON : NM \\ p : q \end{cases}$

mithin bestimmen die dem Punkte I näher liegenden Punkte der Linie KE kleinere Verhältnisse, als die entfernteren.

Zus. 2.

Errichtet man in dem zweiten Durchschnitte R des Kreises und der Linie TU ein Perpendikel auf TU, welches der Linie SD in X begegne, so ist, wenn die die Linien EH, IA in H, L schneidende gerade Linie OX gezogen wird, (vermöge lib. I. loc. V. Fall 2. Zus. 2.) $EH : GX = OK : GS$

---

also $FL : GX = p : q$ (buchst., wie Fall 1. Bew.)

Es ist mithin eine Linie OX gefunden, welche von den Linien GD, FA Segmente in dem gegebenen Verhältnisse abschneidet, welches Fall 1. ist.

Fall 3.

Die Segmente sollen liegen auf den Linien FI, IG. (Fig. 31—35.)

Analysis.

Buchst., wie zu lib. II. loc. I. Fall 1., also ist die Aufgabe auf lib. I. loc. V. Fall 3. reducirt.

Construction.

Buchst., wie zu lib. II. loc. II. Fall 1.

α.) Es sey $KE < EI$. (Fig. 31. 32.)

ℵ) Es sey $p : q < OK + FI : 2KI$. (Fig. 31.)

Determination.

$$\text{Da } \left.\begin{array}{r} p:q \\ ON:NM \end{array}\right\} < \left\{\begin{array}{c} OK+FI \\ ON \end{array}\right\} : 2IK$$

$$\text{so wird } \left.\begin{array}{r} MN \\ KS \end{array}\right\} > 2IK \quad \text{(El. V. 10.)}$$

$$\text{also } K\alpha > KI, \text{ wenn } K\alpha = \alpha S.$$

Damit nun der Punkt X auf EI liege, muſs mithin seyn $KI \geqq K\alpha - \alpha X$.

$$\begin{array}{l} \text{Es ist aber } KX.XS \\ \text{(El. II. 5.) } \left.\begin{array}{r} K\alpha^2 \\ \tfrac{1}{4}KS^2 \end{array}\right\} - \alpha X^2 \end{array} \Bigg\} = EK.GS \quad \text{(Lehns. A.)}$$

$$\text{also } \alpha X = \sqrt{\tfrac{1}{4}KS^2 - EK.GS}$$

$$\text{folglich muſs seyn } KI \geqq \tfrac{1}{2}KS - \sqrt{\tfrac{1}{4}KS^2 - EK.GS}$$

$$\text{mithin } \tfrac{1}{4}KS^2 - EK.GS \geqq \tfrac{1}{4}KS^2 - IK.KS + KI^2$$

$$\text{somit } \left.\begin{array}{r} IK.KS - EK.GS \\ IE.KS \end{array}\right\} \geqq KI^2$$

$$\text{demnach } \left.\begin{array}{r} KI:IE \\ OF:FE \\ ON: \left\{\begin{array}{c} NK \\ FI \end{array}\right\} \end{array}\right\} \leqq \left\{\begin{array}{c} SK \\ MN \end{array}\right\} : KI \quad \text{(Hauber §. 53.)}$$

$$\text{also } \left.\begin{array}{r} ON:NM \\ p:q \end{array}\right\} \leqq FI : IK$$

Beweis.

$$\text{Es ist } p : q < OK + FI : 2IK$$

$$\text{also auch } \left.\begin{matrix} p : q \\ ON : NM \end{matrix}\right\} < \left\{\begin{matrix} OK+FI \\ ON \end{matrix}\right\} : 4KE$$

$$\text{folglich } \left.\begin{matrix} MN \\ GS \end{matrix}\right\} > 4KE$$

mithin schneidet der Kreis die Linie TU (lib. I. loc. V, Fall 3. Bew.).

$$\text{Ferner ist } \left.\begin{matrix} p : q \\ ON : NM \end{matrix}\right\} \leqq FI : IK$$

$$\text{also } \left.\begin{matrix} ON : \left\{\begin{matrix} FI \\ NK \end{matrix}\right\} \\ OF : FE \\ KI : IE \end{matrix}\right\} \leqq \left\{\begin{matrix} MN \\ KS \end{matrix}\right\} : KI$$

$$\text{folglich } \left.\begin{matrix} IE . KS \\ (IK - KE)\, KS \end{matrix}\right\} \geqq KI^2 \text{ (Hauber §. 52.)}$$

$$\text{mithin } \tfrac{1}{4}KS^2 - EK.KS \geqq \tfrac{1}{4}KS^2 - IK.KS + KI^2$$

$$\text{somit } \sqrt{\tfrac{1}{4}KS^2 - EK.KS} \geqq \tfrac{1}{2}KS - KI$$

$$\text{demnach } KI \geqq \left\{\begin{matrix} \tfrac{1}{2}KS - \sqrt{\tfrac{1}{4}KS^2 - EK.KS} \\ KX \end{matrix}\right.$$

Auch ist $EH : GX' = OK : GS$ (lib. I. loc. V. Fall 3.)

also $FL : GX = p : q$ (wie Fall 1. Bew.)

Zus. 1.

Macht man $E\varepsilon = KE$ und zieht $O\varepsilon$, welche den Linien IF, EH in λ, μ begegne, so ist (vermöge lib. I.

loc. V. Fall 3. Zus. 1.), wenn auch eine die Linien EH, EI, IF in W, Y, Z schneidende gerade Linie OZ gezogen wird, EW : GY<Eμ : Gε

$$\text{also}\ \left.\begin{array}{r}EW : E\mu\\ FZ : F\lambda\end{array}\right\} < GY : G\varepsilon$$

folglich FZ : GY<Fλ : Gε

mithin bestimmt der Punkt ε ein gröſseres Verhältniſs, als jeder andere Punkt der Linie EI.

Ferner ist, wenn Xε<εY, (vermöge desselben Zusatzes) EH : GX>EW : GY

$$\text{also}\ \left.\begin{array}{r}EH : EW\\ FL : FZ\end{array}\right\} > GX : GY$$

folglich FL : GX>FZ : GY

mithin bestimmen die dem Punkte ε näher liegenden Punkte der Linie EI gröſsere Verhältniſse, als die entfernteren.

Zus. 2.

Errichtet man in dem zweiten Durchschnitte R' der Linie TU und des Kreises ein Perpendikel auf TU, welches die Linie CI in X' schneide, so ist, wenn die die Linien EH, IC in H', L' schneidende gerade Linie OX' gezogen wird,

EH' : GX'=OK : GS (lib. I. loc. V. Fall 3. Zus. 2.)

also FL' : GX'=p : q (wie Fall 1. Zus. 2.)

mithin ist eine Linie OX' gefunden, welche von den Linien FA, GC Segmente in dem gegebenen Verhältniſse abschneidet, welches Fall 4. ist.

2.) Es sey p : q=OK+FI : 2IK. (Fig. 31.)

Beweis.

Es ist $p : q = OK + FI : 2IK$

also $\left.\begin{array}{l} p : q \\ ON : NM \end{array}\right\} < \left\{\begin{array}{c} OK+FI \\ ON \end{array}\right\} : 4KE$

folglich $\left.\begin{array}{l} MN \\ KS \end{array}\right\} > 4KE$

mithin schneidet der Kreis die Linie TU.

Ferner ist $\left.\begin{array}{l} p : q \\ ON : \left\{\begin{array}{l} NM \\ KS \end{array}\right\} \end{array}\right\} = \left\{\begin{array}{c} OK+FI \\ ON \end{array}\right\} : 2IK$

also $KS = 2IK$

folglich $K\alpha = KI$ wenn $K\alpha = \alpha S$,

mithin $KX < KI$

Auch ist $EH : GX = OK : GS$ (lib. I. loc. V. Fall 3.)

somit $FL : GX = p : q$ (wie lib. II. loc. I. Fall. 1. Bew.)

Zusätze.

Buchst., wie zu א.

ב.) Es sey $p : q > OK + FI : 2IK$. (Fig. 32. 33.)

Determination.

Damit der Kreis die Linie TU erreiche, muſs seyn $KS \overset{=}{>} 4KE$ (lib. I. loc. V. Fall 3. Det.)

also $\left.\begin{array}{l} ON : \left\{\begin{array}{l} KS \\ NM \end{array}\right\} \\ p : q \end{array}\right\} \overset{=}{<} \left\{\begin{array}{l} ON : 4KE \\ ON^2 : 4KE.ON \\ (OK+FI)^2 : 4IK.KO \end{array}\right.$

Beweis.

$$\left.\begin{array}{r}\text{Es ist } p:q\\ ON:\left\{\begin{array}{l}NM\\KS\end{array}\right\}\end{array}\right\} \overset{=}{<} \left\{\begin{array}{l}(OK+FI)^2:4IK.KO\\ ON^2:4KE.ON\\ ON:4KE\end{array}\right.$$

$$\text{also } KS \overset{=}{>} 4KE$$

folglich berührt (Fig. 32.), oder schneidet (Fig. 33.) der Kreis die Linie TU.

$$\left.\begin{array}{r}\text{Ferner ist } p:q\\ ON:\left\{\begin{array}{l}NM\\KS\end{array}\right\}\end{array}\right\} > \left\{\begin{array}{c}OK+FI\\ ON\end{array}\right\}:2KI$$

$$\text{also } KS<2KI \text{ (El. V. 10.)}$$

$$\text{folglich } K\alpha<KI, \text{ wenn } K\alpha=\alpha S,$$

$$\text{mithin auch } KX<KI$$

$$\text{Ueberdiefs ist } EH:GX=OK:GS \text{ (lib. I. loc. V. Fall 3.)}$$

$$\text{also } FL:GX=p:q \text{ (wie Fall 1. Bew.)}$$

Zus. 1.

Für eine in Fig. 32. die Linien EH, EI, FI in W, Y, *Z* schneidende gerade Linie OZ ist

$$EW:GY<OK:GS \text{ (lib. I. loc. V. Fall 3. Zus. 1.)}$$

$$\text{Es ist aber } FZ:EW=FO:OE$$
$$=NO:OK$$

$$\text{also ist } FZ:GY<\left\{\begin{array}{l}ON:\left\{\begin{array}{l}GS\\NM\end{array}\right.\\ \quad p:q\end{array}\right.$$

mithin bestimmt der Punkt X, für welchen EX=EK, ein gröfseres Verhältnifs, als jeder andere Punkt der Linie EI.

Für eine andere, die Linien EH, EI, FI in β, γ, δ schneidende gerade Linie $O\delta$ ist, wenn $\gamma\alpha > \alpha Y$,

$$E\beta : G\gamma < EW : GY \text{ (lib. I. loc. V. Fall 3. Zus. 1.)}$$

$$\begin{aligned} \text{Es ist aber } F\delta : E\beta &= FO : OE \\ &= FZ : EW \end{aligned}$$

$$\text{also ist } F\delta : G\gamma < FZ : GY$$

mithin bestimmen die dem Punkte X näher liegenden Punkte grösere Verhältnisse, als die entfernteren.

Zus. 2.

Errichtet man in Fig. 33. in dem zweiten Durchschnitte R′ der Linie TU und des Kreises ein Perpendikel auf TU, so schneidet dasselbe die Linie EC zwischen E, I, oder in I, oder zwischen I, S, in dem Punkte

$$X', \text{ je nachdem } KI \left\{\begin{matrix} < \\ = \\ > \end{matrix}\right\} \left\{\begin{matrix} KX' \\ K\alpha + \alpha X, \end{matrix}\right.$$

$$\text{das heifst, da } \left.\begin{matrix} KX.XS \\ \left.\begin{matrix} K\alpha^2 \\ \tfrac{1}{4}KS^2 \end{matrix}\right\} - \alpha X^2 \end{matrix}\right\} = EK.KS$$

$$\text{also } \alpha X = \sqrt{\tfrac{1}{4}KS^2 - EK.KS}$$

$$\text{je nachdem } KI \left\{\begin{matrix} < \\ = \\ > \end{matrix}\right\} \tfrac{1}{2}KS + \sqrt{\tfrac{1}{4}KS^2 - EK.KS}$$

$$\text{folglich } KI^2 - IK.KS + \tfrac{1}{4}KS^2 \left\{\begin{matrix} < \\ = \\ > \end{matrix}\right\} \tfrac{1}{4}KS^2 - EK.KS$$

$$\text{mithin } KI^2 \left\{\begin{matrix} < \\ = \\ > \end{matrix}\right\} \left\{\begin{matrix} IK.KS - EK.KS \\ IE.KS \end{matrix}\right.$$

$$\text{somit } \left.\begin{matrix} KI : IE \\ OF : FE \\ ON : \left\{\begin{matrix} NK \\ FI \end{matrix}\right\} \end{matrix}\right\} \left\{\begin{matrix} < \\ = \\ > \end{matrix}\right\} \left\{\begin{matrix} SK \\ NM \end{matrix}\right\} : KI$$

demnach $\left.\begin{matrix} ON : NM \\ p : q \end{matrix}\right\} \begin{Bmatrix} < \\ = \\ > \end{Bmatrix} FI : IK$

Auch ist, wenn die die Linién EH, FA in H', L' schneidende gerade Linie OL' gezogen wird,

$EH' : GX' = OK : GS$ (lib. I. loc. V. Fall 3. Zus. 2.)

also $FL' : GX' = p : q$ (wie Fall 1. Zus. 2.)

β.) Es sey $KE = EI$. (Fig. 34. 35. a.)

Determination.

Da (vermöge lib. I. loc. V. Fall 3. Det.)

$KS \geqq 4KE$

so wird $KS \geqq 2KI$

folglich $K\alpha \geqq KI$, wenn $K\alpha = \alpha S$.

Damit der Punkt X auf EI liege, mufs also seyn

$KI \geqq K\alpha - \alpha X$

Nun ist $KX . XS = EK . GS$

also mufs seyn $p : q \leqq FI : IK$ (wie zu α. ℵ. Det.)

Beweis.

Es ist $OK : FI = KE : EI$

mithin $OK = FI$

somit $2OK . FI = OK^2 + FI^2$

also $4OK . FI = (OK + FI)^2$

folglich $\left.\begin{matrix} 4OK . FI : 4IK . KO \\ FI : IK \end{matrix}\right\} = (OK + FI)^2 : 4IK . KO$

Es ist aber $p : q \leqq FI : IK$

$$\text{mithin } \left.\begin{array}{r} p:q \\ ON:NM \end{array}\right\} \begin{array}{c}=\\<\end{array} \left\{\begin{array}{l} (OK+FI)^2 : 4IK.KO \\ ON^2 : 4KE.ON \\ ON : 4KE \end{array}\right.$$

$$\text{somit } \left.\begin{array}{r} MN \\ KS \end{array}\right\} \begin{array}{c}=\\>\end{array} 4KE$$

Demnach berührt (Fig. 34.), oder schneidet (Fig. 35. a.) der Kreis die Linie TU.

Ferner ist $p:q \begin{array}{c}=\\<\end{array} FI : IK$

also $KI \begin{array}{c}=\\>\end{array} KX$ (buchst., wie α. ℵ. Bew.)

also liegt der Punkt X auf der Linie KI.

Auch ist EH : GX = OK : GS (lib. I. loc. V. Fall 3. Bew.)

also FL : GX = p : q (wie Fall 1. Bew.)

Zus. 1.

Buchst., wie α. ℶ. Zus. 1., in Beziehung auf Fig. 34.

Zus. 2.

Errichtet man (Fig. 35. a.) in dem zweiten Durchschnitte R′ der Linie TU und des Kreises ein Perpendikel auf TU, welches die Linie IC in X′ schneide, so ist, wenn die die Linien EH, IS in H′, L′ schneidende gerade Linie OX′ gezogen wird,

EH′ : GX′ = OK : GS (lib. I. loc. V. Fall 3. Zus. 2.)

also FL′ : GX′ = p : q (wie zu Fall 1.)

folglich ist eine Linie OX′ gefunden, welche von den Linien FA, GC Segmente in dem gegebenen Verhältnifse abschneidet, welches Fall 4. ist.

γ.) Es sey KE > EI. (Fig. 35. b.)

Determination.

Buchstäblich, wie β. Det.

Beweis.

Es ist $OK : FI = KE : EI$

also $OK > FI$

folglich $2OK.FI < OK^2 + FI^2$

mithin $4OK.FI < (OK+FI)^2$

somit $\left.\begin{array}{l} 4OK.FI : 4IK.KO \\ FI : IK \end{array}\right\} < (OK+FI)^2 : 4IK.KO$

Es ist aber $p : q \leqq FI : IK$

also $\left.\begin{array}{l} p : q \\ ON : NM \end{array}\right\} < \left\{\begin{array}{l} (OK+FI)^2 : 4IK.KO \\ ON^2 : 4KE.ON \\ ON : 4KE \end{array}\right.$

folglich $\left.\begin{array}{l} MN \\ GS \end{array}\right\} > 4KE$

mithin schneidet der Kreis die Linie TU.

Ferner ist $p : q \leqq FI : IK$

also $KI \geqq KX$ (wie α. ℵ. Bew.)

folglich liegt der Punkt X auf der Linie KI.

Auch ist $EH : GX = OK : GS$ (lib. I. loc. V. Fall 3. Bew.)

also $FL : GX = p : q$ (wie zu Fall 1. Bew.)

Zuss. 1. 2.

Buchst., wie α. ℵ. Zuss. 1. 2.

Fall 4.

Die Segmente sollen liegen auf den Linien FA, KC. (Fig. 34. 36—39.)

Analysis.

Buchst., wie zu lib. II. loc. I. Fall 1., also ist die Aufgabe auf lib. I. loc. V. Fall 3. reducirt.

Construction.

Buchst., wie zu lib. II. loc. II. Fall 1.

α.) Es sey KE>EI. (Fig. 36. 37.)

Determination.

Vermöge lib. I. loc. V. Fall 3. Det. mufs seyn

$$\left.\begin{matrix}KS\\MN\end{matrix}\right\}\begin{matrix}=\\>\end{matrix}4KE$$

$$\text{also } \left.\begin{matrix}ON:NM\\p:q\end{matrix}\right\}\begin{matrix}=\\<\end{matrix}\left\{\begin{matrix}ON:4KE\\ON^2:4KE.ON\\(OK+FI)^2:4IK.KO.\end{matrix}\right.$$

Beweis.

$$\text{Es ist } \left.\begin{matrix}p:q\\ON:NM\end{matrix}\right\}\begin{matrix}=\\<\end{matrix}\left\{\begin{matrix}(OK+FI)^2:4IK.KO\ (\text{Det.})\\ON:4KE\end{matrix}\right.$$

$$\text{also } \left.\begin{matrix}MN\\KS\end{matrix}\right\}\begin{matrix}=\\>\end{matrix}4KE$$

folglich berührt (Fig. 36.), oder schneidet (Fig. 37.) der Kreis die Linie TU.

$$\text{Da } KE>EI$$

$$\text{so ist } 2KE>\left\{\begin{matrix}KE+EI\\KI\end{matrix}\right.$$

$$\text{also } 4KE>2KI$$

$$\text{folglich } \left.\begin{matrix}KS\\2K\alpha\end{matrix}\right\}>2KI \qquad \text{wenn } K\alpha=\alpha S,$$

$$\text{mithin } K\alpha>KI$$

demnach liegt X auf IC.

Auch ist EH : GX=OK : GS (lib. I. loc. V. Fall 3. Bew.)

also FL : GX=p : q (wie Fall 1. Bew.)

Zus. 1.

Für eine die Linien EH, IS, IA (Fig. 36.) in W, Y, *Z* schneidende gerade Linie OY ist

EW : GY<OK : GS (lib. I. loc. V. Fall 3. Zus. 1.)

Es ist aber FZ : EW=FO : OE

=NO : OK

also ist FZ : GY< { ON : { GS
NM
p : q }

mithin bestimmt der Punkt X, für welchen αE=EK, ein gröfseres Verhältnifs, als jeder andere Punkt der Linie IS.

Für eine andere die Linien EH, IC, IA in β, γ, δ schneidende gerade Linie Oγ ist

Eβ : Gγ<EW : GY (lib. I. loc. V. Fall 3. Zus. 1.)

Es ist aber Fδ : Eβ=FO : OE

=FZ : EW

also ist Fδ : Gγ<FZ : GY

mithin bestimmen die diesem Punkte X näher liegenden Punkte gröfsere Verhältnifse, als die entfernteren.

Zus. 2.

Errichtet man in dem zweiten Durchschnitte R' (Fig. 37.) ein Perpendikel auf TU, so schneidet dasselbe die Linie EC zwischen I, C, oder in I, oder zwischen E, I, in einem Punkte X', je nachdem $K\alpha - \alpha X' \left\{\begin{matrix}>\\=\\<\end{matrix}\right\} KI$

oder da $\left.\begin{matrix}KX.XS\\ \left.\begin{matrix}K\alpha^2\\ \frac{1}{4}KS^2\end{matrix}\right\} - \alpha X'^2\end{matrix}\right\} = EK.KS$

---

also $\alpha X' = \sqrt{\frac{1}{4}KS^2 - EK.KS}$

je nachdem $\frac{1}{2}KS - \sqrt{\frac{1}{4}KS^2 - EK.KS} \left\{\begin{matrix}>\\=\\<\end{matrix}\right\} KI$

---

folglich $\frac{1}{4}KS^2 - IK.KS + KI^2 \left\{\begin{matrix}>\\=\\<\end{matrix}\right\} \frac{1}{4}KS^2 - EK.KS$

---

mithin $KI^2 \left\{\begin{matrix}>\\=\\<\end{matrix}\right\} \left\{\begin{matrix}(IK - KE)KS\\ IE.KS\end{matrix}\right.$

---

somit $\left.\begin{matrix}SK\\ MN\end{matrix}\right\} : KI \left\{\begin{matrix}<\\=\\>\end{matrix}\right\} \left\{\begin{matrix}KI : IE\\ OF : FE\\ ON : \left\{\begin{matrix}NK\\ FI\end{matrix}\right.\end{matrix}\right.$

---

demnach $MN : NO \left\{\begin{matrix}<\\=\\>\end{matrix}\right\} KI : IF$

---

also $\left.\begin{matrix}ON : NM\\ p : q\end{matrix}\right\} \left\{\begin{matrix}>\\=\\<\end{matrix}\right\} FI : IK$

Auch ist $EH' : GX' = OK : GS$

---

also $FL' : GX' = p : q$ (wie Fall 1. Zus. 2.).

β.) Es sey $KE = EI$. (Fig. 34. 38.)

Determination.

Buchst., wie α. Det.

Beweis.

$$\text{Es ist } \left.\begin{matrix} p : q \\ ON : NM \end{matrix}\right\} \overset{=}{<} \left\{\begin{matrix} (OK+FI)^2 : 4IK.KO \\ ON^2 : 4KE.ON \\ ON : 4KE \end{matrix}\right.$$

$$\text{also } \left.\begin{matrix} MN \\ KS \end{matrix}\right\} \overset{=}{>} 4KE$$

folglich berührt (Fig. 34.), oder schneidet (Fig. 38.) der Kreis die Linie TU.

$$\text{Da } KE = EI$$

$$\text{so ist } 2KE = \left\{\begin{matrix} KE+EI \\ KI \end{matrix}\right.$$

$$\text{also } 4KE = 2KI$$

$$\text{folglich } \left.\begin{matrix} KS \\ 2K\alpha \end{matrix}\right\} \overset{=}{>} 2KI \qquad \text{wenn } K\alpha = \alpha S$$

$$\text{mithin } K\alpha \overset{=}{>} KI$$

somit liegt der Punkt X auf IC.

Auch ist $EH : GX = OK : GS$ (lib. I. loc. VII. Fall 3. Bew.)

---

also $FL : GX = p : q$ (wie Fall 1. Bew.)

Zus. 1.

Für eine andere (Fig. 34.), die Linien EH, IA, IS in W, Z, Y schneidende gerade Linie OY ist

$$EW : GY < OK : GS$$

---

also $FZ : GY < p : q$ (wie Fall 3. α. δ. Zus. 1.) folglich bestimmt dieser Punkt X ein gröfseres Verhältnifs, als jeder andere Punkt der Linie IS.

Für eine andere, die Linien EH, IA, IS in β, δ, γ schneidende gerade Linie $O\delta$ ist, wenn $\gamma\alpha > \alpha Y$,

$$E\beta : G\gamma < EW : GY$$

also $F\delta : G\gamma < FZ : GY$ (wie ebendaselbst)

folglich bestimmen die dem Punkte X näher liegenden Punkte gröſsere Verhältniſse, als die entfernteren.

Zus. 2.

Errichtet man (Fig. 38.) in dem zweiten Durchschnitte R′ der Linie TU und des Kreises ein Perpendikel auf TU, so schneidet dasselbe u. s. w. buchst., wie zu α. Zus. 2.

γ.) Es sey $KE < EI$. (Fig. 39.)

ℵ.) Es sey $p : q < OK + FI : 2KI$. (Fig. 39. a.)

Beweis.

Da $p : q < OK + FI : 2KI$

so ist auch $\left.\begin{matrix} p : q \\ ON : NM \end{matrix}\right\} < \left\{\begin{matrix} OK + FI \\ ON \end{matrix}\right\} : 4KE$

also $\left.\begin{matrix} MN \\ KS \end{matrix}\right\} > 4KE$

folglich schneidet der Kreis die Linie TU.

Da $\left.\begin{matrix} p : q \\ ON : NM \end{matrix}\right\} < \left\{\begin{matrix} OK + FI \\ ON \end{matrix}\right\} : 2KI$

so ist $\left.\begin{matrix} MN \\ 2K\alpha \end{matrix}\right\} > 2KI$ wenn $K\alpha = \alpha S$,

also $K\alpha > KI$

folglich liegt der Punkt X auf IC.

Auch ist $EH : GX = OK : GS$ (lib. I. loc. V. Fall 3. Bew.)

also $FL : GX = p : q$ (wie Fall 1. Bew.)

Zus. 1.

Macht man $E\varepsilon = EK$, und zieht die, die Linien EH, FI in μ, λ schneidende gerade Linie $O\varepsilon$, so ist (vermöge lib. I. loc. V. Fall 3. Zus. 1.), wenn auch eine die Linien EH, IS, IA in W, Y, Z schneidende gerade Linie OY gezogen wird, $EW : GY < E\mu : G\varepsilon$

$$\text{also } \left.\begin{matrix} EW : E\mu \\ FZ : F\lambda \end{matrix}\right\} < GY : G\varepsilon$$

$$\text{folglich } FZ : GY < F\lambda : G\varepsilon$$

mithin bestimmt der Punkt ε ein gröſseres Verhältniſs, als jeder Punkt der Linie εS.

Ferner ist, wenn $X\varepsilon > \varepsilon Y$, $EH : GX < EW : GY$

$$\text{also } \left.\begin{matrix} EH : EW \\ FL : FZ \end{matrix}\right\} < GX : GY$$

$$\text{folglich } FL : GX < FZ : GY$$

mithin bestimmen die dem Punkte I näher liegenden Punkte der Linie IS gröſsere Verhältniſse, als die entfernteren.

Zus. 2.

Buchst., wie α. Zus. 2.

ב.) Es sey $p : q = OK + FI : 2KI$. (Fig. 39. b.)

Beweis.

Da $p : q = OK + FI : 2KI$

$$\text{so ist } \left.\begin{matrix} p : q \\ ON : NM \end{matrix}\right\} < \left\{\begin{matrix} OK + FI \\ ON \end{matrix}\right\} : 4KE$$

$$\text{also } \left.\begin{matrix} MN \\ KS \end{matrix}\right\} > 4KE$$

folglich schneidet der Kreis die Linie TU.

$$\left.\begin{array}{r}\text{Da } p:q\\ ON:NM\end{array}\right\} = \left\{\begin{array}{c}OK+FI\\ ON\end{array}\right\} : 2KI$$

$$\text{so ist } \left.\begin{array}{r}MN\\ KS\\ 2K\alpha\end{array}\right\} = 2KI \qquad \text{wenn } K\alpha = \alpha S$$

$$\text{also } K\alpha = KI$$

folglich liegt der Punkt X auf der Linie IC.
Auch ist EH : GX=OK : GS (lib. I. loc. V. Fall 3. Bew.)

also FL : GX=p : q (wie Fall 1. Bew.)

Zus. 1.

Buchst., wie א. Zus. 1.

Zus. 2.

Errichtet man in dem zweiten Durchschnitte R' der Linie TU und des Kreises ein Perpendikel auf TU, welches die Linie EI in X' schneide, so ist, wenn die, die Linien EH, IF in H', L' schneidende gerade Linie OL' gezogen wird, (verm. lib. I. loc. V. Fall 3. Zus. 2.) EH' : GX'=OK : GS

also FL' : GX'=p : q (wie Fall 1. Zus. 2.)
folglich ist auch eine Linie OL' gefunden, welche von den Linien GI, IF Segmente in dem gegebenen Verhältnifse abschneidet, welches Fall 3. ist.

3.) Es sey p : q>OK+FI : 2KI. (Fig. 39. c.)

Determination.

Vermöge lib. I. loc. V. Fall 3. Det. mufs seyn

$$KS \underset{>}{=} 4KE$$

also $p : q \leqq (OK+FI)^2 : 4IK.KO$ (wie zu α.)

Da $\left.\begin{array}{l} p : q \\ ON : \left\{\begin{array}{l} NM \\ KS \end{array}\right. \end{array}\right\} > \left\{\begin{array}{c} OK+FI \\ ON \end{array}\right\} : 2KI$

so ist $\left.\begin{array}{r} KS \\ 2K\alpha \end{array}\right\} < 2KI$ wenn $K\alpha = \alpha S$

also $K\alpha < KI$

Damit nun der Punkt X auf IC falle, mufs

$KI \leqq K\alpha + \alpha X$ seyn.

Es ist aber $\left.\begin{array}{l} KX.XS \\ \left.\begin{array}{l} K\alpha^2 \\ \frac{1}{4}KS^2 \end{array}\right\} - \alpha X^2 \end{array}\right\} = EK.GS$

also $\alpha X = \sqrt{\frac{1}{4}KS^2 - EK.GS}$

folglich mufs seyn $KI \leqq \frac{1}{2}KS + \sqrt{\frac{1}{4}KS^2 - EK.GS}$

mithin $KI^2 - IK.KS + \frac{1}{4}KS^2 \leqq \frac{1}{4}KS^2 - EK.GS$

somit $KI^2 \leqq \left\{\begin{array}{l} (IK-KE)GS \\ IE.GS \end{array}\right.$

demnach $\left.\begin{array}{l} GS \\ MN \end{array}\right\} : IK \leqq \left\{\begin{array}{l} KI : IE \\ OF : FE \\ ON : \left\{\begin{array}{l} NK \\ FI \end{array}\right. \end{array}\right.$

also $\left.\begin{array}{l} MN : NO \\ q : p \end{array}\right\} \leqq KI : IF$

folglich $p : q \geqq FI : IK$

Beweis.

Es ist $p : q \overset{=}{<} (OK + FI)^2 : 4IK.KO$ (Det.)

also $KS \overset{=}{>} 4KE$ (wie zu *a.*)

folglich schneidet der Kreis die Linie TU.

Ferner ist $p : q \overset{=}{>} FI : IK$

also $KI \overset{=}{<} KX$ (wie leicht aus der Det. erhellet.

Auch ist $EH : GX = OK : GS$ (lib. I. loc. V. Fall 3.)

also $FL : GX = p : q$ (wie Fall 1. Bew.)

Zus. 1.

Buchst., wie א. Zus. 1.

Zus. 2.

Buchst., wie ב. Zus. 2.

B.) auf der Verlängerung von IK. (Fig. 40—49.) (Loc. III.)

Fall 1.

Die Segmente sollen liegen auf den Linien FA, GD. (Fig. 40.)

Analysis.

Buchst., wie zu lib. II. loc. I. Fall 1., also ist die Aufgabe auf lib. I. loc. VII. Fall 1. reducirt.

Construction.

Buchst., wie zu lib. II. loc. I. Fall 1.

Beweis.

Vermöge lib. I. loc. VII. Fall 1. Bew. ist

EH : GX = VG : GS

also FL : GX = p : q (w. zu lib. II. loc. I. Fall 1. Bew.)

Zus. 1.

Vermöge lib. I. loc. VII. Fall 1. Zus. 1. ist, wenn die, die Linien AB, EH, CD in Z, W, Y schneidende gerade Linie OY gezogen wird, EW : GY $\gtrless$ VG : $\begin{cases} GS \\ MN \end{cases}$

also auch FZ : GY $\gtrless$ p : q

folglich bestimmen die dem Punkte I näher liegenden Punkte der Linie SD gröfsere Verhältnifse, als die entfernteren.

Zus. 2.

Vermöge lib. I. loc. VII. Fall 1. Zus. 2. ist, wenn man in dem zweiten Durchschnitte R′ des Kreises und der Linie TU ein Perpendikel auf TU aufrichtet, welches den Linien KE, EH, FB in X′, H′, L′ begegnet, EH′ : GX′ = VG : GS

also FL′ : GX′ = p : q (w. zu lib. II. loc. I. Fall 1. Bew.)

Es ist mithin auch eine von den Linien FB, GI Segmente in dem gegebenen Verhältnifse abschneidende gerade Linie OL′ gefunden, welches Fall 3. ist.

Fall 2.

Die Segmente sollen liegen auf den Linien FA, GK. (Fig. 41. 42.)

Analysis.

Buchst., wie zu lib. II. loc. I. Fall 1., also ist die Aufgabe auf lib. I. loc. VII. Fall 2. reducirt.

Construction.

Buchst., wie zu lib. II. loc. I. Fall 2.

Determination.

Vermöge lib. I. loc. VII. Fall 2. Det. mufs seyn

$$GS \overset{=}{<} GE+EK-2\sqrt{GE.EK}$$

$$\text{also } \left.\begin{array}{l} VN : \left\{\begin{array}{l} GS \\ NM \end{array}\right\} \\ p : q \end{array}\right\} \overset{=}{>} \left\{\begin{array}{c} VN \\ OK+FI \end{array}\right\} : GE+EK-2\sqrt{GE.EK}$$

Beweis.

$$\text{Es ist } \left.\begin{array}{l} p : q \\ VN : \left\{\begin{array}{l} NM \\ GS \end{array}\right\} \end{array}\right\} \overset{=}{>} \left\{\begin{array}{c} OK+FI \\ VN \end{array}\right\} : GE+EK-2\sqrt{GE.EK} \quad \text{(Det.)}$$

$$\text{folglich } GS \overset{=}{<} GE+EK-2\sqrt{GE.EK}$$

mithin berührt (Fig. 41.), oder schneidet (Fig. 42.) der Kreis die Linie TU, so dafs

$EH : GX = VG : GS$ (lib. I. loc. VII. Fall 2. Bew.)

also $FL : GX = p : q$ (wie zu lib. II. loc. I. Fall 1. Bew.)

Zus. 1.

Vermöge lib. I. loc. VII. Fall 1. Zus. 1. ist in Fig. 41., wenn die gerade Linie OY gezogen wird, welche die Linien KS, EH, AB in Y, W, Z schneide,

$$EW : GY > VG : \left\{\begin{array}{l} GS \\ MN \end{array}\right.$$

$$\text{Es ist aber } FZ : EW = FO : OE = NV : VG$$

$$\text{also ist } FZ : GY > \left\{\begin{array}{l} VN : NM \\ p : q \end{array}\right.$$

mithin bestimmt der Punkt X, für welchen $EX = \sqrt{KE . EG}$, ein kleineres Verhältnifs, als jeder andere Punkt der Linie KS.

Ferner ist (vermöge desselben Zus.), wenn die die Linien KS, EH, AB in γ, β, δ schneidende gerade Linie $O\gamma$ gezogen wird, und $\gamma X > YX$ ist,

$$EW : GY < E\beta : G\gamma$$

$$\text{Es ist aber } FZ : EW = FO : OE$$
$$= F\delta : E\beta$$

$$\text{also ist auch } FZ : GY < F\delta : G\gamma$$

mithin bestimmen die dem Punkte X näher liegenden Punkte der Linie KS kleinere Verhältnifse, als die entfernteren.

Zus. 2.

Errichtet man in Fig. 42. in dem zweiten Durchschnitte R′ der Linie TU und des Kreises ein die Linie KS in X′ schneidendes Perpendikel auf TU, und zieht man die die Linien EH, AB in H′, L′ schneidende gerade Linie OX′, so ist (vermöge lib. I. loc. VII. Zus. 2.) $EH' : GX' = OK : GS$

also $FL' : GX' = p : q$ (w. z. lib. II. loc. I. Fall 1. Zus. 2.) mithin ist eine zweite Linie OX′ gefunden, welche von den Linien FA, GK Segmente in dem gegebenen Verhältnifse abschneidet.

Fall 3.

Die Segmente sollen liegen auf den Linien FB, GI. (Fig. 40.)

Analysis.

Buchst., wie zu lib. II. loc. I. Fall 1., wenn man X′, H′, L′ statt X, H, L setzt, also ist die Aufgabe auf lib. I. loc. VII. Fall 3. reducirt.

Construction.

Buchst., wie zu lib. II. loc. I. Fall 1., wenn man R′, X′, H′, L′ statt R, X, H, L setzt.

Beweis.

Es ist $EH' : GX' = OK : GS$ (lib. I. loc. VII. Fall 3. Bew.)

also $FL' : GX' = p : q$ (w. z. lib. II. loc. I. Fall 1. Zus. 2.)

Zus. 1.

Für eine andere, die Linien EK, EH, FB in Y′, W′, Z′ schneidende gerade Linie OZ′ ist

$$EW' : GY' \lessgtr OK : GS' \text{ (lib. I. loc. VII. Fall 3. Z. 1.)}$$

Es ist aber $FZ' : EW' = FO : OE$
$= NV : VG$

also ist $FZ' : GY' \lessgtr \left\{ \begin{array}{l} NV : \left\{ \begin{array}{l} GS \\ MN \end{array} \right. \\ p : q \end{array} \right.$

folglich bestimmen die dem Punkte I näher liegenden Punkte der Linie EK kleinere Verhältnifse, als die entfernteren.

Zus. 2.

Errichtet man in dem zweiten Durchschnitte R der Linie TU und des Kreises ein die Linie GD in X′ schneidendes Perpendikel auf TU, so ist, wenn die die Linien EH, AB in H, L schneidende gerade Linie OX gezogen wird,

EH : GX = OK : GS (lib. I. loc. VII. Fall 3. Zus. 2.)

also FL : GX = p : q (wie lib. II. loc. I. Fall 1. Bew.)

Fall 4.

Die Segmente sollen liegen auf den Linien FI, IG. (Fig. 43–46.)

Analysis.

Buchst., wie zu lib. II. loc. I. Fall 1., also ist die Aufgabe auf lib. I. loc. VII. Fall 4. reducirt.

Construction.

Buchst., wie zu lib. II. loc. I. Fall 1.

α.) Es sey. $EI = \sqrt{GE.EK}$ (Fig. 43. 44.)

Determination.

Da (vermöge lib. I. loc. VII. Fall 4. Det.)

$$GS \overset{=}{>} GE + EK + \left\{ \begin{matrix} 2\sqrt{GE.EK} \\ 2EI \end{matrix} \right.$$ werden mufs,

so wird $\left. \begin{matrix} KS \\ 2K\alpha \end{matrix} \right\} \overset{=}{>} 2KI$ wenn $K\alpha = \alpha S$,

also $K\alpha \overset{=}{>} KI$

folglich mufs, damit der Punkt X auf EI falle, werden $KI \overset{=}{>} K\alpha - \alpha X$.

Nun ist $\left. \begin{matrix} KX.XS \\ \left. \begin{matrix} K\alpha^2 \\ \frac{1}{4}KS^2 \end{matrix} \right\} - \alpha X^2 \end{matrix} \right\} = EK.GS$

also $\sqrt{\tfrac{1}{4}KS^2 - EK.GS} = \alpha X$

folglich muſs seyn $KI \overset{=}{>} \tfrac{1}{2}KS - \sqrt{\tfrac{1}{4}KS^2 - EK.GS}$

mithin $\tfrac{1}{4}KS^2 - EK.GS \overset{=}{>} \tfrac{1}{4}KS^2 - IK.KS + KI^2$

somit $\left.\begin{array}{r} \left.\begin{array}{r} IK.KS \\ IK(SG-GK) \end{array}\right\} -EK.GS \\ \left.\begin{array}{r} (IK-KE)GS \\ EI.GS \end{array}\right\} -IK.KG \end{array}\right\} \overset{=}{>} KI^2$

demnach $EI.GS \overset{=}{>} \left\{\begin{array}{l} KI(IK+KG) \\ KI.IG \end{array}\right.$

also $\left.\begin{array}{r} KI : IE \\ OF : FE \\ VN : NG \end{array}\right\} \overset{=}{<} \left\{\begin{array}{c} SG \\ NM \end{array}\right\} : GI$

folglich $\left.\begin{array}{r} VN : NM \\ p : q \end{array}\right\} \overset{=}{<} \left\{\begin{array}{c} NG \\ FI \end{array}\right\} : GI$

Beweis.

Es ist $\sqrt{GE.EK} = EI$

also $GE.EK + EI^2 = 2EI\sqrt{GE.EK}$

folglich $GE.EK = (2\sqrt{GE.EK} - EI)EI$

mithin $\begin{array}{l} IE : EK \\ FI : OK \end{array}\left\{\begin{array}{l} = GE : 2\sqrt{GE.EK} - EI \\ = \left\{\begin{array}{c} GE+EI \\ IG \end{array}\right\} : GE+EK+2\sqrt{GE.EK} - IG \end{array}\right.$

somit $FI : IG = OK : GE+EK+2\sqrt{GE.EK} - IG$
$= OK+FI : GE+EK+2\sqrt{GE.EK}$

Da nun $p : q \overset{=}{<} FI : IG$

so ist $\left.\begin{matrix} p:q \\ VN:\left\{\begin{matrix}NM\\GS\end{matrix}\right.\end{matrix}\right\} \overset{=}{<} \left\{\begin{matrix}OK+FI\\VN\end{matrix}\right\} : GE+EK+2\sqrt{GE.EK}$

also $GS \overset{=}{>} GE+EK+2\sqrt{GE.EK}$

folglich berührt (Fig. 43.), oder schneidet (Fig. 44.) der Kreis die Linie TU.

Da ferner $\left.\begin{matrix}p:q\\VN:NM\end{matrix}\right\}\overset{=}{<}\left\{\begin{matrix}FI\\NG\end{matrix}\right\}:IG$

so ist $\left.\begin{matrix}VN:NG\\OF:FE\\KI:IE\end{matrix}\right\}\overset{=}{<}\left\{\begin{matrix}MN\\GS\end{matrix}\right\}:IG$

also $\left.\begin{matrix}KI.IG\\KI(IK+KG)\end{matrix}\right\}\overset{=}{<}\left\{\begin{matrix}IE.GS\\(IK-KE)GS\end{matrix}\right.$

folglich $KI^2 \overset{=}{<} \left\{\begin{matrix}IK(SG-GK)\\IK.KS\end{matrix}\right\} - KE.GS$

mithin $\frac{1}{4}KS^2 - IK.KS + KI^2 \overset{=}{<} \left\{\begin{matrix}\frac{1}{4}KS^2 - KE.GS\\ \alpha X^2\end{matrix}\right.$

somit $\left.\begin{matrix}\frac{1}{2}KS-\alpha X\\KX\end{matrix}\right\}\overset{=}{<}KI$

Auch ist $EH:GX=OK:GS$ (lib. I. loc. VII. Fall 4. Bew.)

also $FL:GX=p:q$ (w. z. lib. II. loc. I. Fall 1. Bew.)

Zus. 1.

Vermöge lib. I. loc. VII. Fall 4. Zus. 1. (Fig. 43.) ist für eine andere die Linien EH, ES, AB in W, Y, Z schneidende gerade Linie OZ, $EW : GY < VG : GS$

Es ist aber FZ : EW=FO : OE
=NV : VG

also $FZ : GY < \left\{ \begin{array}{l} NV : \left\{ \begin{array}{l} GS \\ NM \end{array} \right. \\ \quad p : q \end{array} \right.$

also bestimmt der Punkt X, für welchen $EX=\sqrt{KE.EG}$, ein gröfseres Verhältnifs, als jeder andere Punkt der Linie EI.

Da auch, wenn die, die Linien EH, AB, IF in β, δ, γ schneidende gerade Linie Oγ gezogen wird (verm. desselben Zus.), wenn $\gamma I > IY$, EW : GY > Eβ : Gγ

Es ist aber FZ : EW=FO : OE
=Fδ : Eβ

also ist FZ : GY > Fδ : Gγ

folglich bestimmen die dem Punkte X näher liegenden Punkte der Linie EI gröfsere Verhältnifse, als die entfernteren.

Zus. 2.

Errichtet man (Fig. 44.) in dem zweiten Durchschnitte R′ der Linie TU und des Kreises ein Perpendikel auf TU, welches die Linie IS in X′ schneide, so ist, wenn die, die Linien EH, AB in H′, L′ schneidende gerade Linie OX′ gezogen wird,

EH′ : GX′=OK : GS (lib. I. loc. VII. Fall 4. Zus. 2.)

also FL′ : GX′=p : q (wie lib. II. loc. I. Fall 1. Zus. 2.) folglich ist eine Linie gefunden, welche von den Linien FA, GC Segmente in dem gegebenen Verhältnifse abschneidet, welches Fall 5. ist.

β) Es sey $EI < \sqrt{GE.EK}$. (Fig. 44.)

Determination.

Da vermöge lib. I. loc. VII. Fall 4. Det.

$GS \overset{=}{>} GE+EK+2\sqrt{GE.EK}$ werden muſs,

so wird $GS > GE+EK+2EI$

also $\left.\begin{matrix}KS\\2K\alpha\end{matrix}\right\} > 2KI$ wenn $K\alpha = \alpha S$,

folglich $K\alpha > KI$.

Damit der Punkt X auf EI falle, muſs also

$KI \overset{=}{>} K\alpha - \alpha X$ seyn.

Nun ist $KX.XS = EK.GS$

also muſs $p : q \overset{=}{<} FI : IG$ seyn (wie zu α.).

Beweis.

Es ist $\sqrt{GE.EK} > EI$

also $GE.EK + EI^2 > 2\sqrt{GE.EK}.EI$ (El. II. 9. 7.)

folglich $GE.EK > (2\sqrt{GE.EK} - EI)EI$

mithin $IE : EK < GE : 2\sqrt{GE.EK} - EI$

somit

$\left.\begin{matrix}IE:EK\\FI:OK\end{matrix}\right\} < \left\{\begin{matrix}GE+EI\\GI\end{matrix}\right\} : \left\{\begin{matrix}EK+2\sqrt{GE.EK}-EI\\GE+EK+2\sqrt{GE.EK}-IG\end{matrix}\right.$ (Haub. §.44.)

demnach $FI : IG < OK : GE+EK+2\sqrt{GE.EK} - IG$

also $FI : IG < OK+FI : GE+EK+2\sqrt{GE.EK}$ (Haub. §.44.)

$$\text{folglich } \left.\begin{array}{l} p:q \\ VN:\left\{\begin{array}{l} NM \\ GS \end{array}\right\} \end{array}\right\} < \left\{\begin{array}{c} OK+FI \\ VN \end{array}\right\} : GE+EK+2\sqrt{GE.EK}$$

$$\text{mithin } GS > GE+EK+2\sqrt{GE.EK}$$

also schneidet der Kreis die Linie TU.

$$\text{Da ferner } p:q \overset{=}{<} FI:IG$$

$$\text{so ist } KX \overset{=}{<} KI \text{ (wie zu } \alpha.)$$

Auch ist $EH:GX = OK:GS$ (lib. I. loc. VII. Fall 4. Bew.)

also $FL:GX = p:q$ (wie lib. II. loc. I. Fall 1. Bew.)

Zus. 1.

Macht man $E\varepsilon = \sqrt{GE.EK}$, und zieht die, die Linien EH, IA in μ, λ schneidende gerade Linie $O\varepsilon$, so ist, wenn auch eine die Linien EH, EI, IF in W, Y, Z schneidende gerade Linie OZ gezogen wird,

$$EW:GY < E\mu:G\varepsilon \text{ (lib. I. loc. VII. Fall 4. Zus. 1.)}$$

$$\text{also } \left.\begin{array}{l} EW:E\mu \\ FZ:F\lambda \end{array}\right\} < GY:G\varepsilon$$

$$\text{folglich } FZ:GY < F\lambda:G\varepsilon$$

mithin bestimmt der Punkt ε ein gröſseres Verhältniſs, als jeder Punkt der Linie EI.

Ferner ist, wenn $X\varepsilon > Y\varepsilon$ (verm. desselben Zus.)

$$EH:GX < EW:GY$$

$$\text{also } \left.\begin{array}{l} EH:EW \\ FL:FZ \end{array}\right\} < GX:GY$$

$$\text{folglich } FL:GX < FZ:GY$$

mithin bestimmen die dem Punkte I näher liegenden Punkte der Linie Ee gröſsere Verhältniſse, als die entfernteren.

Zus. 2.

Buchst., wie α. Zus. 2.

γ.) Es sey $EI > \sqrt{GE.EK}$. (Fig. 44. 45. 46.)

ℵ.) Es sey $p:q < OK+FI : GI+IK$. (Fig. 44.)

Determination.

$$\begin{array}{rl} \text{Da } & p:q \\ VN: & \left\{\begin{array}{l} NM \\ GS \end{array}\right. \end{array} \Bigg\} < \left\{\begin{array}{c} OK+FI \\ VN \end{array}\right\} : GI+IK$$

so ist $GS > GI+IK$

also $\left.\begin{array}{l} KS \\ 2K\alpha \end{array}\right\} > 2KI$ wenn $K\alpha = \alpha S$

folglich $K\alpha > KI$

Damit der Punkt X auf EI falle, muſs mithin $KI \overset{=}{>} K\alpha - \alpha X$ werden.

Nun ist $KX.XS = EK.GS$

also muſs $p:q \overset{=}{<} FI : IG$ seyn (wie zu α.).

Beweis.

$$\begin{array}{rl} \text{Es ist } & p:q \\ ON: & \left\{\begin{array}{l} NM \\ GS \end{array}\right. \end{array} \Bigg\} < \left\{\begin{array}{c} OK+FI \\ ON \end{array}\right\} : GI+IK \text{ (p. hyp)}$$

also $GS > \left\{\begin{array}{l} GI+IK \\ GE+EK+2EI \end{array}\right.$

folglich $GS > GE + EK + 2\sqrt{GE.EK}$
mithin schneidet der Kreis die Linie TU.

Ferner ist $p : q \leqq FI : IG$

---

also $KI \geqq KX$ (wie zu α.)

Auch ist $EH : GX = OK : GS$ (lib. I. loc. VII. Fall 4.)

---

also $FL : GX = p : q$ (wie lib. II. loc. I. Fall 1. Bew.)

Zuss. 1. 2.

Buchst., wie β. Zuss. 1. 2., wenn nur ε zwischen E, I genommen wird.

ב.) Es sey $p : q = OK + FI : GI + IK$. (Fig. 45. a.)

Beweis.

$$\begin{array}{l} \text{Es ist } \left.\begin{array}{l} p : q \\ ON : \left\{\begin{array}{l} NM \\ GS \end{array}\right\} \end{array}\right\} = \left\{\begin{array}{l} OK + FI \\ ON \end{array}\right\} : GI + IK \end{array}$$

---

also $GS = GI + IK$
$= GE + EK + 2EI$

---

folglich $GS > GE + EK + 2\sqrt{GE.EK}$
mithin schneidet der Kreis die Linie TU.

$$\text{Ferner ist } \left.\begin{array}{l} SG - GK \\ KS \\ 2K\alpha \end{array}\right\} = 2KI \qquad \text{wenn } K\alpha = \alpha S$$

---

also $K\alpha = KI$

folglich fällt der Punkt X auf EI.

Auch ist $EH : GX = OK : GS$ (lib. I. loc. VII. Fall 4.)

---

also $FL : GX = p : q$ (wie lib. II. loc. I. Fall 1. Bew.)

Zuss. 1. 2.

Buchst., wie ℵ. Zuss. 1. 2.

ℶ.) Es sey $p:q > OK+FI : GI+IK$. (Fig. 45. b, 46.)

Determination.

Vermöge lib. I. loc. VII. Fall 4. Det. mufs seyn

$$GS \geqq GE+EK+2\sqrt{GE.EK}$$

$$\text{also } \left.\begin{array}{l} VN : \left\{\begin{array}{c} GS \\ NM \end{array}\right\} \\ p:q \end{array}\right\} \begin{array}{c} = \\ < \end{array} \left\{\begin{array}{c} VN \\ OK+FI \end{array}\right\} : GE+EK+2\sqrt{GE.EK}$$

Beweis.

$$\text{Es ist } \left.\begin{array}{l} p:q \\ VN : \left\{\begin{array}{c} NM \\ GS \end{array}\right\} \end{array}\right\} \begin{array}{c} = \\ < \end{array} \left\{\begin{array}{c} OK+FI \\ VN \end{array}\right\} : GE+EK+2\sqrt{GE.EK}$$

$$\text{folglich } GS \geqq GE+EK+2\sqrt{GE.EK}$$

mithin berührt (Fig. 45. b.), oder schneidet (Fig. 46.) der Kreis die Linie TU.

$$\text{Ferner ist } \left.\begin{array}{l} p:q \\ ON : \left\{\begin{array}{c} NM \\ GS \end{array}\right\} \end{array}\right\} > OK+FI : GI+IK$$

$$\text{also } GS < GI+IK$$

$$\text{folglich } \left.\begin{array}{c} KS \\ 2K\alpha \end{array}\right\} < 2KI \qquad \text{wenn } K\alpha = \alpha S$$

$$\text{mithin } K\alpha < KI$$

Der Punkt X liegt also auf EI.

Auch ist $EH : GX = OK : GS$

also $FL : GX = p : q$

Zus. 1.

Buchst., wie α. Zus. 1., wenn Fig. 45. b. statt Fig. 43. gesetzt wird.

Zus. 2.

Errichtet man (Fig. 46.) in dem zweiten Durchschnitte R' des Kreises und der Linie TU ein Perpendikel auf TU, so schneidet dasselbe die Linie EI in einem Punkte X' zwischen E, I, oder in I, oder zwischen I, C, je nachdem

$$KI \left\{\begin{matrix} > \\ = \\ < \end{matrix}\right\} K\alpha + \alpha X',$$

oder, da $KX'.X'S = EK.GS$

$$\text{also } \alpha X = \sqrt{\tfrac{1}{4}KS^2 - EK.GS}$$

$$\text{je nachdem } KI \left\{\begin{matrix} > \\ = \\ < \end{matrix}\right\} \tfrac{1}{2}KS + \sqrt{\tfrac{1}{4}KS^2 - EK.GS}$$

$$\text{also } KI^2 - IK.KS + \tfrac{1}{4}KS^2 \left\{\begin{matrix} > \\ = \\ < \end{matrix}\right\} \tfrac{1}{4}KS^2 - EK.GS$$

$$\text{folglich } KI^2 \left\{\begin{matrix} > \\ = \\ < \end{matrix}\right\} \left\{\begin{matrix} \left\{\begin{matrix} IK.KS \\ IK(SG - GK) \end{matrix}\right\} - EK.GS \\ IE.GS - IK.KG \end{matrix}\right.$$

$$\text{mithin } \left.\begin{matrix} KI(IK + KG) \\ KI.IG \end{matrix}\right\} \left\{\begin{matrix} > \\ = \\ < \end{matrix}\right\} IE.GS$$

$$\text{somit } \left.\begin{matrix} KI : IE \\ OF : FE \\ VN : NG \end{matrix}\right\} \left\{\begin{matrix} > \\ = \\ < \end{matrix}\right\} \left\{\begin{matrix} SG \\ MN \end{matrix}\right\} : GI$$

$$\text{demnach } \left.\begin{matrix}\text{VN : NM}\\ \text{p : q}\end{matrix}\right\} \begin{Bmatrix} > \\ = \\ < \end{Bmatrix} \begin{Bmatrix}\text{NG : GI}\\ \text{FI : IG}\end{Bmatrix}$$

Auch ist $EH' : GX' = OK : GS$ (lib. I. loc. VII. Fall 4. Zus. 1.)

also $FL' : GX' = p : q$ (wie lib. II. loc. I. Fall 1. Zus. 1.)

Fall 5.

Die Segmente sollen liegen auf den Linien FA, GC. (Fig. 43. 47—49.)

Analysis. Construction.

Buchst., wie zu Fall 4.

α.) Es sey $EI = \sqrt{GE.EK}$. (Fig. 43. 47.)

Determination.

Vermöge lib. I. loc. VII. Fall 4. mufs seyn

$$GS \overset{=}{>} GE + EK + 2\sqrt{GE.EK}$$

$$\text{also } \left.\begin{matrix}\text{VN} : \begin{Bmatrix}\text{GS}\\ \text{NM}\end{Bmatrix}\\ \text{p : q}\end{matrix}\right\} \overset{=}{<} \begin{Bmatrix}\text{VN}\\ \text{OK+FI}\end{Bmatrix} : GE + EK + 2\sqrt{GE.EK}$$

Beweis.

$$\text{Es ist } \left.\begin{matrix}\text{p : q}\\ \text{VN} : \begin{Bmatrix}\text{NM}\\ \text{GS}\end{Bmatrix}\end{matrix}\right\} \overset{=}{<} \begin{Bmatrix}\text{OK+FI}\\ \text{VN}\end{Bmatrix} : GE + EK + 2\sqrt{GE.EK}$$

$$\text{folglich } GS \overset{=}{>} GE + EK + 2\sqrt{GE.EK}$$

mithin berührt (Fig. 43.), oder schneidet (Fig. 47.) der Kreis die Linie TU.

Ferner ist $GS \overset{=}{>} GE + EK + 2EI$

also $\left.\begin{matrix} GS - GK \\ 2K\alpha \end{matrix}\right\} \overset{=}{>} 2KI$ wenn $K\alpha = \alpha S$

folglich $K\alpha \overset{=}{>} KI$

mithin liegt der Punkt X auf IC.

Auch ist $EH : GX = OK : GS$ (lib. I. loc. VII. Fall 4.)

also $FL : GX = p : q$ (wie lib. II. loc. I. Fall 1. Bew.)

Zus. 1.

Buchst., wie Fall 4. α. Zus. 1., wenn IS, IA statt EI, IF gesetzt werden.

Zus. 2.

Errichtet man (Fig. 47.) auch in dem zweiten Durchschnitte R′ des Kreises und der Linie TU ein Perpendikel auf TU, so schneidet dasselbe die Linie EC zwischen I, C, oder in I, oder zwischen I, E,

je nachdem $KI \left\{\begin{matrix} < \\ = \\ > \end{matrix}\right\} K\alpha - \alpha X'$

oder, da $\left.\begin{matrix} KX'.X'S \\ \left.\begin{matrix} K\alpha^2 \\ \frac{1}{4}KS^2 \end{matrix}\right\} - \alpha X'^2 \end{matrix}\right\} = EK.GS$

also $\sqrt{\frac{1}{4}KS^2 - EK.GS} = \alpha X'$

je nachdem $KI \left\{\begin{matrix} < \\ = \\ > \end{matrix}\right\} \frac{1}{2}KS - \sqrt{\frac{1}{4}KS^2 - EK.GS}$

also $KI^2 - IK.KS + \frac{1}{4}KS^2 \left\{\begin{matrix} < \\ = \\ > \end{matrix}\right\} \frac{1}{4}KS^2 - EK.GS$

$$\text{folglich } KI^2 \left\{\begin{matrix} < \\ = \\ > \end{matrix}\right\} \left\{\begin{matrix} \left\{\begin{matrix} IK.KS \\ IK(SG-GK) \end{matrix}\right\} - EK.GS \\ IE.GS - IK.KG \end{matrix}\right.$$

$$\text{mithin } KI.IG \left\{\begin{matrix} < \\ = \\ > \end{matrix}\right\} IE.GS$$

$$\text{somit } \left.\begin{matrix} KI : IE \\ OF : FE \\ VN : NG \end{matrix}\right\} \left\{\begin{matrix} < \\ = \\ > \end{matrix}\right\} \left\{\begin{matrix} SG \\ MN \end{matrix}\right\} : GI.$$

$$\text{demnach } \left.\begin{matrix} VN : NM \\ p : q \end{matrix}\right\} \left\{\begin{matrix} < \\ = \\ > \end{matrix}\right\} \left\{\begin{matrix} NG : GI \\ FI : IG \end{matrix}\right.$$

Auch ist $EH' : GX' = OK : GS$ (lib. I. loc. VII Fall 4.)

---

also $FL' : GX' = p:q$ (wie lib. II. loc. I. Fall 1. Bew.)

β.) Es sey $EI < \sqrt{GE.EK}$. (Fig. 49. 47.)

Determination.

Buchstäblich, wie zu α.

Beweis.

$$\left.\begin{matrix} \text{Es ist } p : q \\ VN : \left\{\begin{matrix} NM \\ GS \end{matrix}\right\} \end{matrix}\right\} \begin{matrix} = \\ < \end{matrix} \left\{\begin{matrix} OK+FI \\ VN \end{matrix}\right\} : GE+EK+2\sqrt{GE.EK}$$

$$\text{folglich } GS \begin{matrix} = \\ > \end{matrix} GE+EK+2\sqrt{GE.EK}$$

mithin berührt (Fig. 49.), oder schneidet (Fig. 47.) der Kreis die Linie TU.

Ferner ist $GS > GE+EK+2EI$

also $\left.\begin{matrix} KS \\ 2K\alpha \end{matrix}\right\} > 2KI$ wenn $K\alpha = \alpha S$

folglich $K\alpha > KI$

mithin liegt X auf IC.

Auch ist $EH : GX = OK : GS$ (lib. I. loc. VII. Fall 4.)

also $FL : GX = p : q$ (wie lib. II. loc. I. Fall 1. Bew.)

Zuss. 1. 2.

Buchst., wie α. Zuss. 1. 2.

γ) Es sey $EI > \sqrt{GE.EK}$. (Fig. 47. 48.)

ℵ.) Es sey $p : q < OK+FI : GI+IK$. (Fig. 47.)

Beweis.

Es ist $EI > \sqrt{GE.EK}$

also $\left.\begin{matrix} GE+EK+2EI \\ GI+IK \end{matrix}\right\} > GE+EK+2\sqrt{GE.EK}$

folglich

$OK+FI : GI+IK < \left\{\begin{matrix} OK+FI \\ VN \end{matrix}\right\} : GE+EK+2\sqrt{GE.EK}$

mithin $\left.\begin{matrix} p : q \\ VN : \left\{\begin{matrix} NM \\ GS \end{matrix}\right\} \end{matrix}\right\} < VN : GE+EK+2\sqrt{GE.EK}$

somit $GS > GE+EK+2\sqrt{GE.EK}$

demnach schneidet der Kreis die Linie TU.

$$\left.\begin{array}{l}\text{Da ferner } p:q\\ VN:GS\end{array}\right\}<VN:GI+IK$$

so ist $GS>GI+IK$

$$\left.\begin{array}{l}\text{also } KS\\ 2K\alpha\end{array}\right\}>2KI \qquad \text{wenn } K\alpha=\alpha S$$

folglich $K\alpha>KI$

mithin liegt der Punkt X auf I C.

Auch ist $EH:GX=OK:GS$ (lib. I. loc. VII. Fall 4.)

also $FL:GX=p:q$ (wie lib. II. loc. I. Fall 1. Bew.)

Zus. 1.

Macht man $E\varepsilon=\sqrt{GE.EK}$, und zieht $O\varepsilon$, welche die Linien EH, IF in μ, λ schneide, so ist, wenn auch die, die Linien EH, IA, IS in W, Z, Y schneidende gerade Linie OY gezogen wird, (verm. lib. I. loc. VII. Fall 4. Zus. 1.) $EW:GY<E\mu:E\varepsilon$, also bestimmt (wie Fall 4. β. Zus. 1.) der Punkt ε ein gröſseres Verhältniſs, als jeder Punkt der Linie IS. Auch ist, wenn $X\varepsilon>Y\varepsilon$, $FL:GX<FZ:GY$ (vermöge desselben Zus.), also bestimmen die dem Punkte I näher liegenden Punkte der Linie IS gröſsere Verhältniſse, als die entfernteren.

Zus. 2.

Buchst., wie α. Zus. 2.

2.) Es sey $p:q=OK+FI:GI+IK$. (Fig. 48. a.)

Beweis.

Es ist $EI>\sqrt{GE.EK}$

also $GS > GE + EK + 2\sqrt{GE.EK}$, (wie א. Bew.)
folglich schneidet der Kreis die Linie TU.

$$\text{Da ferner } \left.\begin{matrix} p : q \\ VN : \left\{\begin{matrix} NM \\ GS \end{matrix}\right\} \end{matrix}\right\} = \left\{\begin{matrix} OK+FI \\ VN \end{matrix}\right\} : GI+IK$$

so ist $GS = GI + IK$

$$\text{also } \left.\begin{matrix} KS \\ 2K\alpha \end{matrix}\right\} = 2KI \qquad \text{wenn } K\alpha = \alpha S$$

folglich $K\alpha = KI$
mithin liegt der Punkt X auf IÇ.
Auch ist $EH : GX = OK : GS$ (lib. I. loc. VII. Fall 4.)
also $FL : GX = p : q$ (wie lib. II. loc. I. Fall 1. Bew.)

Zus. 1.

Buchst., wie א. Zus. 1.

Zus. 2.

Errichtet man in dem zweiten Durchschnitte R′ des Kreises und der Linie TU ein Perpendikel auf TU, so schneidet dasselbe die Linie EI in X′ so, dafs $EH' : GX' = OK : GS$ (lib. I. loc. VII. Fall 4. Zus. 2.)
also $FL : GX' = p : q$ (wie lib. II. loc. I. Fall 1. Zus. 2.), welches Fall 4. ist.

ב.) Es sey $p : q > OK + FI : GI + IK$. (Fig. 48. b.)

Determination.

$$\text{Da } \left.\begin{matrix} p : q \\ VN : \left\{\begin{matrix} NM \\ GS \end{matrix}\right\} \end{matrix}\right\} > \left\{\begin{matrix} OK+FI \\ VN \end{matrix}\right\} : GI+IK$$

so wird $GS < GI + IK$

folglich $\left.\begin{matrix} KS \\ 2K\alpha \end{matrix}\right\} < 2KI$ wenn $K\alpha = \alpha S$

mithin $K\alpha < KI$

Damit der Punkt X auf IC falle, muſs also $KI \underset{<}{=} K\alpha + \alpha X$ seyn.

Nun ist $KX.XS = EK.GS$

also $\alpha X = \sqrt{\tfrac{1}{4} KS^2 - EK.GS}$

folglich muſs seyn $KI \underset{<}{=} \tfrac{1}{2} KS + \sqrt{\tfrac{1}{4} KS^2 - EK.GS}$

mithin $KI^2 - IK.KS + \tfrac{1}{4} KS^2 \underset{<}{=} \tfrac{1}{4} KS^2 - EK.GS$

somit $KI^2 \underset{<}{=} \left\{\begin{matrix} \left\{\begin{matrix} IK.KS \\ IK(SG - GK) \end{matrix}\right\} - EK.GS \\ IE.GS - IK.KG \end{matrix}\right.$

demnach $\left.\begin{matrix} KI(IK + KG) \\ KI.IG \end{matrix}\right\} \underset{<}{=} IE.GS$

also $\left.\begin{matrix} KI : IE \\ OF : FE \\ VN : NG \end{matrix}\right\} \underset{<}{=} \left\{\begin{matrix} SG \\ MN \end{matrix}\right\} : GI.$

folglich $\left.\begin{matrix} VN : NM \\ p : q \end{matrix}\right\} \underset{<}{=} \left\{\begin{matrix} NG : GI \\ FI : IG \end{matrix}\right.$

Beweis.

Es ist $\sqrt{GE.EK} < EI$

also $GE.EK + EI^2 > 2EI\sqrt{GE.EK}$ (El. II. 9. 5.)

folglich $GE.EK > EI(2\sqrt{GE.EK} - EI)$

mithin $IE : EK < GE : 2\sqrt{GE.EK} - EI$

$$\text{somit } \left.\begin{matrix} IE : EK \\ FI : OK \end{matrix}\right\} < \left\{\begin{matrix} GE+EI : EK+2\sqrt{GE.EK}-EI \\ GI \;:\; GE+EK+2\sqrt{GE.EK}-IG \end{matrix}\right.$$

demnach $FI : IG < OK : GE+EK+2\sqrt{GE.EK}-IG$

also $FI : IG < OK+FI : GE+EK+2\sqrt{GE.EK}$

$$\text{folglich } \left.\begin{matrix} p : q \\ VN : \left\{\begin{matrix} NM \\ GS \end{matrix}\right. \end{matrix}\right\} < \left\{\begin{matrix} OK+FI \\ VN \end{matrix}\right\} : GE+EK+2\sqrt{GE.EK}$$

mithin $GS > GE+EK+2\sqrt{GE.EK}$

Der Kreis schneidet also die Linie TU.

$$\text{Ferner ist } \left.\begin{matrix} p : q \\ VN : NM \end{matrix}\right\} \overset{=}{<} \left\{\begin{matrix} FI \\ NG \end{matrix}\right\} : IG$$

$$\text{also } \left.\begin{matrix} VN : NG \\ CF : FE \\ II : IE \end{matrix}\right\} \overset{=}{<} \left\{\begin{matrix} MN \\ SG \end{matrix}\right\} : GI$$

$$\text{folglich } \left.\begin{matrix} KI.IG \\ KI(K+KG) \end{matrix}\right\} \overset{=}{<} \left\{\begin{matrix} IE.SG \\ (IK-KE)GS \end{matrix}\right.$$

$$\text{mithin } KI^2 \overset{=}{<} \left\{\begin{matrix} IK(SG-GK) \\ IK.KS \end{matrix}\right\} - KE.GS$$

somit $KI^2 - II.KS + \frac{1}{4}KS^2 \overset{=}{<} \frac{1}{4}KS^2 - KE.GS$

demnach $$KI \begin{smallmatrix}=\\<\end{smallmatrix} \begin{cases} \frac{1}{2}KS + \begin{cases}\sqrt{\frac{1}{4}KS^2 - KE.GS}\\ \alpha X\end{cases} \\ KX \end{cases}$$

also liegt, X' auf IS.

Auch ist $\underline{EH : GX = OK : GS}$ (lib. I. loc. VII. Fall 4.)

also FL : GX = p:q (wie zu lib. II. loc. I. Fall 1. Bew.)

Zus. 1.

Buchst., wie א. Zus. 1.

Zus. 2

Buchst., wie ב. Zus. 2.

C.) auf IK. (Fig. 50 — 69.) Bezeichnet man den Durchschnitt der Linien OF, CD mit E, so liege der Punkt G

a.) auf der Linie KE. (Fig. 50 — 60.). (Loc. IV.)

Fall 1.

Die Segmente sollen liegen an den Linien FA, GD. (Fig. 50.)

Analysis.

Buchst., wie zu lib. II. loc. I. Fall 1., also ist die Aufgabe auf lib. I. loc. VI. Fall 1. reducirt.

Construction.

Buchst., wie zu lib. II. loc. . 1.

Beweis.

Es ist $\underline{EH : GX = OK : GS}$ (lib. I. loc. VI. Fall 1. Bew.)

also FL : GX = p : q (wie lib. II. lo. I. Fall 1. Bew.)

Zus. 1.

Für eine andere, die Linien EH, FA, SD in W, Z, Y schneidende gerade Linie OY ist

$$\frac{EW : GY \lesseqgtr VG : GS}{}$$

$$\text{also } FZ : GY \lesseqgtr p : q$$

folglich bestimmen die dem Punkte I näher liegenden Punkte der Linie SD gröfsere Verhältnifse, als die entfernteren.

Zus. 2.

Errichtet man in dem zweiten Durchschnitte R' der Linie TU und des Kreises ein Perpendikel auf TU, so schneidet dasselbe die Linie GE in einem Punkte X' so, dafs, wenn die, die Linien EH, FB in den Punkten H', L' schneidende gerade Linie OX' gezogen wird,

EH' : GX' = OK : GS (lib. I. loc. VI. Fall 1. Zus. 1.)

also FL' : GX' = p : q (wie lib. II. loc. I. Fall 1. Bew.) folglich ist eine Linie OX' gefunden, welche von den Linien FB, GI Segmente in dem gegebenen Verhältnifse abschneidet, welches Fall 3. ist.

Fall 2.

Die Segmente sollen liegen auf den Linien GK, FB. (Fig. 51. 52.)

Analysis.

Buchst., wie zu lib. II. loc. I. Fall 1., also ist die Aufgabe auf lib. I. loc. VI. Fall 2. reducirt.

Construction.

Buchst., wie zu lib. II. loc. I. Fall 1.

Determination.

Damit der Kreis die Linie TU erreiche, mufs seyn

$GS \overset{=}{<} GE+EK-2\sqrt{GE.EK}$ (lib. I. loc. VI. Fall 2. Det.)

$$\text{also}\ \left.\begin{matrix} VN:\left\{\begin{matrix}GS\\NM\end{matrix}\right\} \\ p:q\end{matrix}\right\} \overset{=}{>} \left\{\begin{matrix}VN\\OK+FI\end{matrix}\right\} : GE+EK-2\sqrt{GE.EK}$$

Beweis.

$$\text{Es ist}\ \left.\begin{matrix} p:q \\ VN:\left\{\begin{matrix}NM\\GS\end{matrix}\right\}\end{matrix}\right\} \overset{=}{>} \left\{\begin{matrix}OK+FI\\VN\end{matrix}\right\} : GE+EK-2\sqrt{GE.EK}\ \text{(Det.)}$$

folglich $GS \overset{=}{<} GE+EK-2\sqrt{GE.EK}$

mithin berührt (Fig. 51.), oder schneidet (Fig. 52.) der Kreis die Linie TU, so dafs

$EH : GX = OK : GS$ (lib. I. loc. VI. Fall 2. Bew.)

also ist $FL : GX = p : q$ (wie lib. II loc. I. Fall 1. Bew.)

Zus. 1.

Für eine andere, in Fig. 51. die Linien KG, EH, FB in Y, W, Z schneidende gerade Linie OZ ist

$EW : GY > VG : GS$ (lib. I. loc. VI. Fall 2. Zus. 1.).

Es ist aber $FZ : EW = FO : OE$
$= NV : VG$

$$\text{also ist}\ FZ : GY > \left\{\begin{matrix} VN:\left\{\begin{matrix}GS\\MN\end{matrix}\right. \\ p:q\end{matrix}\right.$$

folglich bestimmt der Punkt X, für welchen $EX = \sqrt{GE.EK}$ ein kleineres Verhältnifs, als jeder andere Punkt der Linie KS.

Auch ist für eine die Linien KG, EH, FB in γ, β, δ schneidende gerade Linie $O\delta$, wenn $\gamma X > XY$,

$E\beta : G\gamma > EW : GY$ (lib. I. loc. VI. Fall 2. Zus. 1.)

Es ist aber $F\delta : E\beta = FO : OE$

$= FZ : EW$

also ist $F\delta : G\gamma > FZ : GY$

mithin bestimmen die dem Punkte X näher liegenden Punkte der Linie KG kleinere Verhältnifse, als die entfernteren.

Zus. 2.

Errichtet man in Fig. 52. in dem zweiten Durchschnitte R' der Linie TU und des Kreises ein Perpendikel auf TU, so schneidet dasselbe die Linie KS in X' so, dafs, wenn die, die Linien EH, FB in H', L' schneidende gerade Linie OL' gezogen wird,

$EH' : GX' = OK : GS$ (lib. I. loc. VI. Fall 2. Zus. 2.)

also $FL' : GX' = p : q$ (wie lib. II. loc. I. Fall 1. Bew.) folglich ist eine zweite Linie OX' gefunden, welche von den Linien GK, FB Segmente in dem gegebenen Verhältnifse abschneidet.

Fall 3.

Die Segmente sollen liegen auf den Linien FB, GC. (Fig. 50.)

Analysis.

Buchst., wie zu lib. II. loc. I. Fall 1., wenn man daselbst X', H', L' statt X, H, L setzt, also ist die Aufgabe auf lib. I. loc. VI. Fall 3. reducirt.

Construction.

Buchst., wie zu lib. II. loc. I. Fall 1., wenn daselbst R′, X′, H′, L′ statt R, X, H, L gesetzt wird.

Beweis.

Es ist EH′ : GX′ = OK : GS (lib. I. loc. VI. Fall 3. Bew.)

also FL′ : GX′ = p : q (wie lib. II. loc. I. Fall 1. Zus. 2.)

Zus. 1.

Für eine andere, die Linien EG, EH, FB in Y′, W′, Z′ schneidende gerade Linie OZ′ ist

EW′ : GY′ $\lessgtr$ VG : GS (lib. I. loc. VI. Fall 3. Zus. 1.)

Es ist aber FZ′ : EW′ = FO : OE
= VN : VG

$$\text{also ist } FZ' : GY' \lessgtr \begin{cases} VN : \begin{cases} GS \\ MN \end{cases} \\ p : q \end{cases}$$

folglich bestimmen die dem Punkte I näher liegenden Punkte der Linie GE kleinere Verhältnisse, als die entfernteren.

Zus. 2.

Errichtet man in dem zweiten Durchschnitte R des Kreises und der Linie TU ein Perpendikel auf TU, so schneidet dasselbe die Linie KD in X so, daſs, wenn die, die Linien EH, FA in H, L schneidende gerade Linie OX gezogen wird,

EH : GX = OK : GS (lib. I. loc. VI. Fall 3. Zus. 2.)

also FL : GX = p : q (wie lib. II loc. I. Fall 1. Bew.)
mithin ist auch eine Linie OX gefunden, welche von den Linien FA, GD Segmente in dem gegebenen Verhältniſse abschneidet, welches Fall 1. ist.

Fall 4.

Die Segmente sollen liegen auf den Linien **FI**, IE. (Fig. 53–57.)

Analysis.

Buchst., wie zu lib. II. loc. I. Fall 1., also ist die Aufgabe auf lib. I. loc. VI. Fall 4. reducirt.

Construction.

Buchst., wie zu lib. II. loc. I. Fall 1.

α.) Es sey $EI = \sqrt{KE.EG}$. (Fig. 53, 54.)

Determination.

Da $GS \overline{\underline{>}} GE + EK + 2\sqrt{GE.EK}$ (lib. I. loc. VI. Fall 4. Det.) werden mufs, so wird $GS \overline{\underline{>}} GE + EK + 2EI$

$$\text{also } \left.\begin{matrix} KS \\ 2K\alpha \end{matrix}\right\} \overline{\underline{>}} 2KI \qquad \text{wenn } K\alpha = \alpha S$$

$$\text{folglich } K\alpha \overline{\underline{>}} KI$$

Damit der Punkt X auf EI falle, mufs also $KI \overline{\underline{>}} K\alpha - \alpha X$ werden.

$$\text{Nun ist } \left.\begin{matrix} KX.XS \\ \left.\begin{matrix} K\alpha^2 \\ \frac{1}{4}KS^2 \end{matrix}\right\} - \alpha X^2 \end{matrix}\right\} = EK.GS$$

$$\text{also } \alpha X = \sqrt{\tfrac{1}{4}KS^2 - EK.GS}$$

folglich mufs seyn $KI \geqq \frac{1}{2}KS - \sqrt{\frac{1}{4}KS^2 - EK.GS}$

mithin $\frac{1}{4}KS^2 - EK.GS \geqq \frac{1}{4}KS^2 - IK.KS + KI^2$

somit $\left.\begin{array}{l} IK.KS \\ IK(KG+GS) \\ (IK-KE)GS \\ IE.GS \end{array}\right\} \left.\begin{array}{l} -EK.GS \\ \\ +IK.KG \\ \end{array}\right\} \geqq KI^2$

demnach $IE.GS \geqq \left\{\begin{array}{l} KI(IK-KG) \\ KI.IG \end{array}\right.$

also $\left.\begin{array}{r} KI : IE \\ OF : FE \\ VN : NG \end{array}\right\} \leqq \left\{\begin{array}{l} SG \\ NM \end{array}\right\} : GI$

folglich $\left.\begin{array}{r} VN : NM \\ p : q \end{array}\right\} \leqq \left\{\begin{array}{l} NG \\ FI \end{array}\right\} : IG$

Beweis.

Es ist $EI = \sqrt{GE.EK}$

also $GE.EK + EI^2 = 2EI\sqrt{GE.EK}$

folglich $GE.EK = (2\sqrt{GE.EK} - EI)IE$

mithin $\left.\begin{array}{r} IE : EK \\ FI : OK \end{array}\right\} \begin{array}{l} = GE : 2\sqrt{GE.EK} - EI \\ = \left\{\begin{array}{l} GE+EI \\ GI \end{array}\right\} : GE+EK+2\sqrt{GE.EK}\; IG \end{array}$

somit $FI : IG = OK : GE+EK+2\sqrt{GE.EK} - IG$
$= \left\{\begin{array}{l} OK+FI \\ VN \end{array}\right\} : GE+EK+2\sqrt{GE.EK}$

$$\text{demnach}\ \left.\begin{array}{r} p:q \\ VN:\left\{\begin{array}{c} NM \\ GS \end{array}\right\} \end{array}\right\} \leqq VN:GE+EK+2\sqrt{GE.EK}$$

$$\text{folglich}\ GS \geqq GE+EK+2\sqrt{GE.EK}$$

mithin berührt (Fig. 53.), oder schneidet (Fig. 54.) der Kreis die Linie TU.

$$\text{Da ferner}\ \left.\begin{array}{r} p:q \\ VN:NM \end{array}\right\} \leqq \left\{\begin{array}{c} FI \\ NG \end{array}\right\} :IG$$

$$\text{so ist}\ \left.\begin{array}{r} VN:NG \\ OF:FE \\ KI:IE \end{array}\right\} \leqq \left\{\begin{array}{c} NM \\ SG \end{array}\right\} :GI$$

$$\text{also}\ \left.\begin{array}{r} KI.IG \\ KI(IK-KG) \end{array}\right\} \leqq IE.SG$$

$$\text{folglich}\ KI^2 \leqq \left\{\begin{array}{l} \left\{\begin{array}{c} IE.SG \\ (IK-KE)SG \end{array}\right\} +IK.KG \\ \left\{\begin{array}{c} IK(SG+GK) \\ IK.KS \end{array}\right\} -KE.SG \end{array}\right.$$

$$\text{mithin}\ \tfrac{1}{4}KS^2-IK.KS+KI^2 \leqq \tfrac{1}{4}KS^2-KE.SG$$

$$\text{somit}\ \tfrac{1}{2}KS-KI \leqq \left\{\begin{array}{c} \sqrt{\tfrac{1}{4}KS^2-KE.SG} \\ \alpha X \end{array}\right.$$

$$\text{demnach}\ \left.\begin{array}{r} \tfrac{1}{2}KS-\alpha X \\ KX \end{array}\right\} \leqq KI$$

Auch ist $EH:GX=OK:GS$ (lib. I. loc. VI. Fall 4. Bew.)

also $FL:GX=p:q$ (wie lib. II. loc. I. Fall 4. Bew.)

Zus. 1.

Für eine andere, in Fig. 53. die Linien EI, EH, FI in Y, W, Z schneidende gerade Linie OZ ist

$$EW : GY < \begin{cases} EH : GX \\ OK : GS \end{cases} \text{(lib. I. loc. VI. Fall 4. Zus. 1)}$$

$$\text{Es ist aber } FZ : EW = FO : OE$$
$$= NV : VG$$

$$\text{also ist } FZ : GY < \begin{cases} NV : \begin{cases} GS \\ MN \end{cases} \\ p : q \end{cases}$$

mithin bestimmt der Punkt X ein größeres Verhältniß, als jeder andere Punkt der Linie EI.

Ferner ist für eine andere, die Linien EH, EI, FI in β, γ, δ schneidende gerade Linie $O\delta$, wenn $\gamma X > XY$,

$$EW : GY > E\beta : G\gamma$$

$$\text{Es ist aber } FZ : EW = FO : OE$$
$$= F\delta : E\beta$$

$$\text{also ist } FZ : GY > F\delta : G\gamma$$

mithin bestimmen die dem Punkte I näher liegenden Punkte der Linie EI größere Verhältnisse, als die entfernteren.

Zus. 2.

Errichtet man in Fig. 54. in dem zweiten Durchschnitte R′ des Kreises und der Linie TU ein Perpendikel auf TU, so schneidet dasselbe die Linie IC so, daß, wenn die, die Linien EH, IA in H′, L′ schneidende gerade Linie OX′ gezogen wird,

$$EH' : GX' = OK : GS \text{ (lib. I. loc. VI. Fall 4. Zus. 2.)}$$

$$\text{also } FL' : GX' = p : q \text{ (wie lib. II. loc. I. Fall 1. Zus. 2.)}$$

Es ist mithin eine Linie OX′ gefunden, welche von den Linien FA, GC Segmente in dem gegebenen Verhältnisse abschneidet, welches Fall 5. ist.

β.) Es sey $EI < \sqrt{GE.EK}$. (Fig. 54.)

Determination.

Da $GS \stackrel{=}{>} GE + EK + 2\sqrt{GE.EK}$ (lib. I. loc. VI. Fall 4. Det.) werden muss, so wird $GS \stackrel{=}{>} GE + EK + 2EI$

also $KS \stackrel{=}{>} \begin{cases} 2(KE+EI) \\ 2KI \end{cases}$

folglich $K\alpha \stackrel{=}{>} KI$ wenn $K\alpha = \alpha S$

mithin muss $KI \stackrel{=}{>} K\alpha - \alpha X$ seyn.

Nun ist $KX.XS = EK.GS$

also $p : q \stackrel{=}{<} FI : IG$ (wie zu α.)

Beweis.

Es ist $EI < \sqrt{GE.EK}$

mithin $GE.EK + EI^2 > 2EI\sqrt{GE.EK}$

somit $GE.EK > (2\sqrt{GE.EK} - EI)EI$

also $IE : EK < GE : 2\sqrt{GE.EK} - \begin{cases} EI \\ IG - GE \end{cases}$

$$\text{folglich } \left.\begin{matrix}IE:EK\\ FI:OK\end{matrix}\right\} < \left\{\begin{matrix}GE+EI\\ IG\end{matrix}\right\} : GE+EK+2\sqrt{GE.EK}-IG$$

$$\text{mithin } FI:IG < OK:GE+EK+2\sqrt{GE.EK}-IG$$

$$\text{somit } FI:IG < OK+FI:GE+EK+2\sqrt{GE.EK}$$

$$\text{demnach } \left.\begin{matrix}p:q\\ VN:\left\{\begin{matrix}NM\\ GS\end{matrix}\right\}\end{matrix}\right\} < \left\{\begin{matrix}OK+FI\\ VN\end{matrix}\right\} : GE+EK+2\sqrt{GE.EK}$$

$$\text{also } GS > GE+EK+2\sqrt{GE.EK}$$

mithin schneidet der Kreis die Linie TU.

Da ferner $p:q \overset{=}{<} FI:IG$ (Det.)

so ist $KX \overset{=}{<} KI$ (wie zu α.)

Auch ist $EH:GX = OK:GS$ (lib. I. loc. VI. Fall 4. Bew.)

also $FL:GX = p:q$ (wie lib. II. loc. I. Fall 1. Bew.)

Zus. 1.

Macht man $E\varepsilon = \sqrt{GE.EK}$, so bestimmt (lib. I. loc. VI. Fall 4. Zus. 1.) der Punkt ε ein gröſseres Verhältniſs, als jeder Punkt der Linie EI, und jeder dem Punkte ε näher liegende Punkt derselben ein gröſseres Verhältniſs, als der entferntere, welches bewiesen wird, wie lib. II. loc. III. Fall 4. β. Zus. 1.

Zus. 2.

Buchst., wie α. Zus. 2.

γ.) Es sey $EI > \sqrt{GE.EK}$. (Fig. 54. 55.)

ℵ.) Es sey $p:q < OK+FI : GI+IK$. (Fig. 54.)

Determination.

$$\begin{array}{r}\text{Da } p:q \\ VN:\left\{\begin{array}{c}NM\\GS\end{array}\right.\end{array}\left.\begin{array}{c}\\ \\ \end{array}\right\} < \left\{\begin{array}{c}OK+FI\\VN\end{array}\right\} : GI+IK$$

$$\text{also } GS > GI+IK$$

$$\text{folglich } \left.\begin{array}{c}GS+GK\\2K\alpha\end{array}\right\} > 2KI \qquad \text{wenn } K\alpha = \alpha S$$

$$\text{mithin } K\alpha > KI$$

Damit der Punkt X auf EI falle, muſs also seyn

$$KI \geqq K\alpha - \alpha X$$

$$\text{folglich } p:q \leqq FI : IG \text{ (wie zu } \alpha.)$$

Beweis.

$$\begin{array}{r}\text{Es ist } p:q \\ VN:\left\{\begin{array}{c}NM\\GS\end{array}\right.\end{array}\left.\begin{array}{c}\\ \\ \end{array}\right\} < \left\{\begin{array}{c}OK+FI\\VN\end{array}\right\} : GI+IK$$

$$\text{also } GS > \left\{\begin{array}{l}GI+IK\\KE+EG+2EI\end{array}\right.$$

$$\text{folglich } GS > KE+EG+2\sqrt{GE.EK}$$

mithin schneidet der Kreis die Linie TU.

$$\text{Ferner ist } p:q \leqq FI : IG \text{ (Det.)}$$

$$\text{also } KI \geqq \left\{\begin{array}{c}K\alpha - \alpha X\\KX\end{array}\right\}$$

Auch ist $EH : GX = OK : GS$ (lib. I. loc. VI. Fall 4. Bew.)

also $FL : GX = p : q$ (wie lib. II. loc. I. Fall 1. Bew.)

Zuss. 1. 2.

Buchst., wie β. Zuss. 1. 2.

2.) Es sey $p : q = OK + FI : GI + IK$. (Fig. 55.)

Beweis.

$$\left.\begin{array}{r}\text{Da } p : q \\ VN : \left\{\begin{array}{l} NM \\ GS \end{array}\right\}\end{array}\right\} = \left\{\begin{array}{c} OK+FI \\ VN \end{array}\right\} : GI+IK$$

$$\text{so ist } GS = \left\{\begin{array}{l} GI+IK \\ KE+EG+2EI \end{array}\right.$$

$$\text{folglich } GS > KE+EG+2\sqrt{KE.EG}$$

mithin schneidet der Kreis die Linie TU.

$$\text{Ferner ist } \left.\begin{array}{l} SG+GK \\ 2K\alpha\,. \end{array}\right\} = 2KI \qquad \text{wenn } K\alpha = \alpha S$$

$$\text{also } K\alpha = KI$$

demnach liegt der Punkt X auf EI.

Auch ist $EH : GX = OK : GS$ (lib. I. loc. VI. Fall 4. Bew.)

also $FL : GX = p : q$ (wie lib. II. loc. I. Fall 1. Bew.)

Zuss. 1. 2.

Buchst., wie β. Zuss. 1. 2.

3.) Es sey $p : q > OK + FI : GI + IK$. (Fig. 56. 57.)

Determination.

Vermöge lib. I. loc. VI. Fall 4. Det. muſs

$$GS \geqq GE+EK+2\sqrt{GE.EK} \text{ seyn}$$

$$\text{also } \left.\begin{matrix} VN : \begin{Bmatrix} NM \\ GS \end{Bmatrix} \\ p : q \end{matrix}\right\} \begin{matrix} = \\ < \end{matrix} \begin{Bmatrix} VN \\ OK+FI \end{Bmatrix} : GE+EK+2\sqrt{GE.EK}$$

Beweis.

$$\text{Es ist } \begin{Bmatrix} p : q \\ VN : GS \end{Bmatrix} \begin{matrix} = \\ < \end{matrix} \begin{Bmatrix} OK+FI \\ VN \end{Bmatrix} : GE+EK+2\sqrt{GE.EK}$$

$$\text{folglich } GS \begin{matrix} = \\ > \end{matrix} GE+EK+2\sqrt{GE.EK}$$

mithin berührt (Fig. 56.), oder schneidet (Fig. 57.) der Kreis die Linie TU.

$$\text{Da ferner } \begin{Bmatrix} p : q \\ VN : GS \end{Bmatrix} > \begin{Bmatrix} OK+FI \\ VN \end{Bmatrix} : GI+IK$$

$$\text{so ist } GS < GI+IK$$

$$\text{also } \begin{Bmatrix} GS+GK \\ 2K\alpha \end{Bmatrix} < 2KI \qquad \text{wenn } K\alpha = \alpha S$$

$$\text{folglich } K\alpha < KI$$

mithin liegt der Punkt X auf der Linie EI.

Auch ist EH : GX = OK : GS (lib. I. loc. VI. Fall 4. Bew.)

also FL : GX = p : q (wie lib. II. loc. I. Fall 1. Bew.)

Zus. 1.

Vermöge lib. I. loc. VI. Fall 4. Zus. 1. bestimmt in (Fig. 56.) der Punkt α, für welchen $E\alpha = \sqrt{GE.EK}$, ein gröſseres Verhältniſs, als jeder andere Punkt der Linie EI, und jeder demselben näher liegende ein gröſseres, als der entferntere, welches bewiesen wird, wie lib. II. loc. III. Fall 4. α. Zus. 1.

Zus. 2.

Errichtet man (Fig. 57.) in dem zweiten Durchschnitte R' des Kreises und der Linie TU ein Perpendikel auf TU, so schneidet dasselbe die Linie EC in einem Punkte X' zwischen E, I, oder in I, oder zwischen I, C,

$$\text{je nachdem } KI \left\{\begin{matrix} > \\ = \\ < \end{matrix}\right\} \left\{\begin{matrix} K\alpha + \alpha X' \\ \tfrac{1}{2}KS + \sqrt{\tfrac{1}{4}KS^2 - EK.GS} \end{matrix}\right.$$

$$\text{also } KI^2 - IK.KS + \tfrac{1}{4}KS^2 \left\{\begin{matrix} > \\ = \\ < \end{matrix}\right\} \tfrac{1}{4}KS^2 - EK.GS$$

$$\text{folglich } KI^2 \left\{\begin{matrix} > \\ = \\ < \end{matrix}\right\} \left\{\begin{matrix} \left.\begin{matrix} IK.KS \\ IK(KG+GS) \end{matrix}\right\} - EK.GS \\ IK.KG + IE.GS \end{matrix}\right.$$

$$\text{mithin } \left.\begin{matrix} KI(IK-KG) \\ KI.IG \end{matrix}\right\} \left\{\begin{matrix} > \\ = \\ < \end{matrix}\right\} IE.GS$$

$$\text{somit } \left.\begin{matrix} KI : IE \\ OF : FE \\ VN : \left\{\begin{matrix} NG \\ FI \end{matrix}\right\} \end{matrix}\right\} \left\{\begin{matrix} > \\ = \\ < \end{matrix}\right\} \left\{\begin{matrix} SG \\ MN \end{matrix}\right\} : GI$$

$$\text{demnach } \left.\begin{matrix} VN : NM \\ p : q \end{matrix}\right\} \left\{\begin{matrix} > \\ = \\ < \end{matrix}\right\} FI : IG$$

Auch ist $EH' : GX' = OK : GS$ (lib. I. loc. VI. Fall 4. Zus. 2.)

also $FL' : GX' = p : q$ (wie lib. II. loc. I. Fall 1. Zus. 2)

Fall 5.

Die Segmente sollen liegen auf den Linien FA, GC. (Fig. 53. 58—60.)

Analysis.

Buchst., wie zu lib. II. loc. I. Fall 1., also ist die Aufgabe auf lib. I. loc. VI. Fall 4. reducirt.

Construction.

Buchst., wie zu lib. II. loc. I. Fall 1.

α.) Es sey $EI = \sqrt{GE.EK}$ (Fig. 53. 58.)

Determination.

Es muſs seyn $GS \overset{=}{>} GE+EK+2\sqrt{GE.EK}$ (lib. I. loc. VI. Fall 4. Det.)

$$\text{also } \left.\begin{matrix} VN : \left\{\begin{matrix}GS\\MN\end{matrix}\right\} \\ p:q \end{matrix}\right\} \overset{=}{<} \left\{\begin{matrix}VN\\OK+FI\end{matrix}\right\} : GE+EK+2\sqrt{GE.EK}$$

Beweis.

$$\text{Es ist } \left.\begin{matrix} p:q \\ VN : \left\{\begin{matrix}NM\\GS\end{matrix}\right\} \end{matrix}\right\} \overset{=}{<} \left\{\begin{matrix}OK+FI\\VN\end{matrix}\right\} : GE+EK+2\sqrt{GE.EK}$$

folglich $GS \overset{=}{>} GE+EK+2\sqrt{GE.EK}$

mithin berührt (Fig. 53.), oder schneidet (Fig. 58.) der Kreis die Linie TU.

Ueberdieſs da $GS \overset{=}{>} GE+EK+2EI$

ist $KS \overset{=}{>} \left\{\begin{matrix}2(KE+EI)\\2KI\end{matrix}\right\}$

folglich $K\alpha \overset{=}{>} KI$, wenn $K\alpha = \alpha S$

folglich liegt der Punkt X auf IC.

Auch ist $\underline{EH : GX} = \underline{OK : GS}$ (lib. I. loc. VI. Fall 4. Bew.)

also FL : GX = p : q (wie lib. II. loc. I. Fall 1. Bew.)

Zus. 1.

Vermöge lib. I. loc. VI. Fall 4. bestimmt in Fig. 53. der Punkt α, für welchen $E\alpha = \sqrt{KE.EG}$, ein grösseres Verhältniss, als jeder andere Punkt der Linie IS, und jeder dem Punkte I näher liegende derselben ein grösseres, als der entferntere, welches bewiesen wird, wie lib. II. loc. IV. Fall 4. α. Zus. 1.

Zus. 2.

Der durch den anderen Durchschnitt R′ in Fig. 58. bestimmte Punkt X′ fällt zwischen E, I, oder in I, also zwischen I, C,

$$\text{je nachdem } KI \left\{\begin{matrix} > \\ = \\ < \end{matrix}\right\} KX'$$

$$\text{das heisst, da } \left.\begin{matrix} KX.XS \\ \left.\begin{matrix} K\alpha^2 \\ \tfrac{1}{4}KS^2 \end{matrix}\right\} - \alpha X^2 \end{matrix}\right\} = EK.GS$$

$$\text{also } \alpha X = \sqrt{\tfrac{1}{4}KS^2 - EK.GS}$$

$$\text{je nachdem } KI \left\{\begin{matrix} > \\ = \\ < \end{matrix}\right\} \tfrac{1}{2}KS - \sqrt{\tfrac{1}{4}KS^2 - EK.GS}$$

$$\text{mithin } \tfrac{1}{4}KS^2 - EK.GS \left\{\begin{matrix} > \\ = \\ < \end{matrix}\right\} \tfrac{1}{4}KS^2 - IK.KS + KI^2$$

$$\text{somit } \left.\begin{matrix} \left.\begin{matrix} IK.KS \\ IK(KG+GS) \end{matrix}\right\} - EK.GS \\ \left\{\begin{matrix} (IK-KE)GS \\ IE.GS \end{matrix}\right\} + IK.KG \end{matrix}\right\} \left\{\begin{matrix} > \\ = \\ < \end{matrix}\right\} KI^2$$

$$\text{demnach } IE.GS \left\{\begin{matrix}>\\=\\<\end{matrix}\right\} \left\{\begin{matrix}KI(IK-KG)\\KI.IG\end{matrix}\right.$$

$$\text{also } \left.\begin{matrix}KI : IE\\OF : FE\\VN : \left\{\begin{matrix}NG\\FI\end{matrix}\right\}\end{matrix}\right\} \left\{\begin{matrix}>\\=\\<\end{matrix}\right\} \left\{\begin{matrix}SG\\MN\end{matrix}\right\} : GI$$

$$\text{folglich } \left.\begin{matrix}VN : NM\\p : q\end{matrix}\right\} \left\{\begin{matrix}>\\=\\<\end{matrix}\right\} FI : IG$$

Auch ist, wenn die, die Linien EH, IA in H′, L′ schneidende gerade Linie OX′′gezogen wird,

$EH' : GX' = OK : GS$ (lib. I. loc. VI. Fall 4. Zus. 2.)

---

also $FL' : GX' = p : q$ (wie zu lib. II. loc. I. Fall 1. Bew.)

β.) Es sey $EI < \sqrt{GE.EK}$. (Fig. 59. a. 58.)

Determination.

Buchstäblich, wie zu α.

Beweis.

$$\text{Es ist } \left.\begin{matrix}p : q\\VN : \left\{\begin{matrix}NM\\GS\end{matrix}\right\}\end{matrix}\right\} \begin{matrix}=\\<\end{matrix} \left\{\begin{matrix}OK+FI\\VN\end{matrix}\right\} : GE+EK+2\sqrt{GE.EK} \text{ (Det.)}$$

---

folglich $GS \overset{=}{>} GE+EK+2\sqrt{GE.EK}$

mithin berührt (Fig. 59. a.), oder schneidet (Fig. 58.) der Kreis die Linie TU.

Da $GS \geqq GE+EK+2\sqrt{GE.EK}$ (Det.), $EI<\sqrt{GE.EK}$ (hyp.)

so ist $GS>GE+EK+2EI$

also $KS>2(KE+EI)$

folglich $K\alpha>KI$ wenn $K\alpha=\alpha S$

mithin liegt der Punkt X auf IC.

Auch ist $EH : GX=OK : GS$ (lib. I. loc. VI. Fall 4.)

also $FL : GX=p : q$ (wie lib. II. loc. I. Fall 1. Bew.)

Zus. 1.

In Beziehung auf Fig. 59. a. buchst., wie *α*. Zus. 1.

Zus. 2.

In Beziehung auf Fig. 58. buchst., wie *α*. Zus. 2.

γ.) Es sey $EI>\sqrt{GE.EK}$. (Fig. 58. 60.)

ℵ.) Es sey $p:q<OK+FI:GI+IK$. (Fig. 58.)

Beweis.

Es ist $p : q<OK+FI : GI+IK$

Da $EI>\sqrt{GE.EK}$

so ist $\left.\begin{matrix} GE+EK+2EI \\ GI+IK \end{matrix}\right\} > GE+EK+2\sqrt{GE.EK}$

also $OK+FI : GI+IK<OK+FI : GE+EK+2\sqrt{GE.EK}$.

folglich $\left.\begin{matrix} p : q \\ VN : \left\{\begin{matrix} NM \\ GS \end{matrix}\right. \end{matrix}\right\} < \left\{\begin{matrix} OK+FI \\ VN \end{matrix}\right\} : GE+EK+2\sqrt{GE.EK}$

mithin $GS>GE+EK+2\sqrt{GE.EK}$

demnach schneidet der Kreis die Linie TU.

Ferner ist $VN : NM \} < OK+FI : GI+IK$
$OK+FI : GS \}$

also $GS > GI+IK$

folglich $KS > 2KI$

mithin $K\alpha > KI$ wenn $K\alpha = \alpha S$

demnach liegt der Punkt X auf I C.

Auch ist $EH : GX = OK : GS$ (lib. I. loc. VI. Fall 4. Bew.)

also $FL : GX = p : q$ (wie lib. II. loc. I. Fall 1. Bew.)

Zus. 1.

Macht man $E\varepsilon = \sqrt{GE.EK}$, so bestimmt (lib. I. loc. VI. Fall 4. Zus. 1) der Punkt ε ein größeres Verhältniß, als jeder Punkt der Linie IS, und jeder dem Punkte ε näher liegende Punkt derselben ein größeres, als der entferntere, welches bewiesen wird, wie lib. II. loc. III. Fall 4. β. Zus. 1.

Zus. 2.

Buchst., wie α. Zus. 2.

ב.) Es seÿ $p : q = OK+FI : GI+IK$. (Fig. 59. b.)

Beweis.

Es ist $p : q = OK+FI : GI+IK$

Da $EI > \sqrt{GE.EK}$

so ist $GS > GE+EK+2\sqrt{GE.EK}$ (wie א. Bew.)

also schneidet der Kreis die Linie TU.

Ferner ist $VN : NM \} = OK+FI : GI+IK$
$OK+FI : GS \}$

also GS=GI+IK

folglich KS=2KI

mithin Kα=KI   wenn Kα=αS

demnach liegt der Punkt X auf IS.

Auch ist EH : GX=OK : GS (lib. I. loc. VI. Fall 4. Bew.)

also FL : GX=p:q (wie lib. II. loc. I. Fall 1. Bew.)

Zus. 1.

Buchst., wie ℵ. Zus. 1.

Zus. 2.

Errichtet man in dem zweiten Durchschnitte R′ des Kreises und der Linie TU ein Perpendikel auf TU, so ist, wenn die, die Linien EH, FI in H′, L′ schneidende gerade Linie OL′ gezogen wird,

EH′ : GX′=VG : GS (lib. I. loc. VI. Fall 4. Zus. 2.)

also FL′ : GX′=p : q (wie lib. II. loc. I. Fall 1. Bew.), welches Fall 4. ist.

2.) Es sey p : q>OK+FI : GI+IK. (Fig. 60.)

Determination.

Da p : q >OK+FI : GI+IK
VN : NM
OK+FI : GS

also GS<GI+IK

folglich KS<2KI

mithin Kα<KI   wenn Kα=αS

so mufs KI $\overset{=}{<}$ Kα+αX seyn.

Nun ist $\left.\begin{matrix} KX.XS \\ \left.\begin{matrix} K\alpha^2 \\ \frac{1}{4}KS^2 \end{matrix}\right\} - \alpha X^2 \end{matrix}\right\} = EK.GS$

also $\alpha X = \sqrt{\frac{1}{4}KS^2 - EK.GS}$

folglich muſs seyn $KI \leqq \frac{1}{2}KS + \sqrt{\frac{1}{4}KS^2 - EK.GS}$

also $KI^2 - IK.KS + \frac{1}{4}KS^2 \leqq \frac{1}{4}KS^2 - EK.GS$

folglich $KI^2 \leqq \left\{\begin{matrix} \left.\begin{matrix} IK.KS \\ IK(KG+GS) \end{matrix}\right\} - EK.GS \\ \left.\begin{matrix} (IK-KE)GS \\ IE.GS \end{matrix}\right\} + IK.KG \end{matrix}\right.$

mithin $\left.\begin{matrix} KI(IK-KG) \\ KI.IG \end{matrix}\right\} \leqq IE.GS$

somit $\left.\begin{matrix} KI : IE \\ OF : FE \\ VN : \left\{\begin{matrix} NG \\ FI \end{matrix}\right. \end{matrix}\right\} \leqq \left\{\begin{matrix} SG \\ MN \end{matrix}\right\} : IG$

demnach $\left.\begin{matrix} VN : NM \\ p : q \end{matrix}\right\} \leqq FI : IG$

Beweis.

Es ist $EI > \sqrt{GE.EK}$

also $GE.EK + EI^2 > 2EI\sqrt{GE.EK}$

folglich $GE.EK > EI(2\sqrt{GE.EK} - EI)$

mithin $IE : EK < GE : 2\sqrt{GE.EK} - \left\{\begin{matrix} EI \\ IG - GE \end{matrix}\right.$

somit $\left.\begin{matrix}IE:EK\\ FI:OK\end{matrix}\right\} < \left\{\begin{matrix}GE+EI\\ IG\end{matrix}\right\} : GE+EK+2\sqrt{GE.EK}-IG$

demnach $FI : IG < OK : GE+EK+2\sqrt{GE.EK}-IG$

also $FI : IG < OK+FI : GE+EK+2\sqrt{GE.EK}$

folglich $\left.\begin{matrix}p : q\\ VN : \left\{\begin{matrix}NM\\ GS\end{matrix}\right\}\end{matrix}\right\} < \left\{\begin{matrix}OK+FI\\ VN\end{matrix}\right\} : GE+EK+2\sqrt{GE.EK}$

somit $GS > GE+EK+2\sqrt{GE.EK}$
mithin schneidet der Kreis die Linie TU.

Ferner ist $p : q \leqq FI : IG$

also $KI \leqq KX$, wie leicht aus der Analysis erhellet.

Auch ist $EH : GX = OK : GS$ (lib. I. loc. VI. Fall 4. Bew.)

also $FL : GX = p : q$ (wie lib. II. loc. I. Fall 1. Bew.

Zus. 1.

Buchst., wie א. Zus. 1.

Zus. 2.

Buchst., wie ב. Zus. 2.

b.) auf der Linie IE. (Fig. 61 — 65.). (Loc. V.)

Fall 1.

Die Segmente sollen liegen auf den Linien FA, GC. (Fig. 61.)

Analysis.

Buchst., wie zu lib. II. loc. I. Fall 1., also ist die Aufgabe auf lib. I. loc. IV. Fall 1. reducirt.

Construction.

Buchst., wie zu lib. II. loc. I. Fall 1.

Determination.

Da (lib. I. loc. IV. Fall 1. Zus. 2.) die durch beide Durchschnittspunkte des Kreises und der Linie TU bestimmten Punkte X, X' auf verschiedenen Seiten des Punktes E liegen, so mufs, damit X auf IC falle,

$KI \overset{=}{<} K\alpha + \alpha X$ seyn, wenn $K\alpha = \alpha S$.

$$\text{Es ist aber } \left.\begin{matrix} KX.XS \\ \left.\begin{matrix} K\alpha^2 \\ \frac{1}{4}KS^2 \end{matrix}\right\} - \alpha X^2 \end{matrix}\right\} = EK.GS$$

$$\text{also } \alpha X = \sqrt{\tfrac{1}{4}KS^2 - EK.GS}$$

$$\text{folglich mufs seyn } KI \overset{=}{<} \tfrac{1}{2}KS + \sqrt{\tfrac{1}{4}KS^2 - EK.GS}$$

$$\text{mithin } KI^2 - IK.KS + \tfrac{1}{4}KS^2 \overset{=}{<} \tfrac{1}{4}KS^2 - EK.GS$$

$$\text{somit } KI^2 \overset{=}{<} \left\{\begin{matrix} \left.\begin{matrix} IK.KS \\ IK(KG+GS) \end{matrix}\right\} - EK.GS \\ \left.\begin{matrix} (IK-KE)GS \\ IE.GS \end{matrix}\right\} + IK.KG \end{matrix}\right.$$

$$\text{demnach } \left.\begin{matrix} KI(IK-KG) \\ KI.IG \end{matrix}\right\} \overset{=}{<} IE.GS$$

$$\text{also } \left.\begin{matrix} KI : IE \\ OF : FE \\ VN : \left\{\begin{matrix} NG \\ FI \end{matrix}\right\} \end{matrix}\right\} \overset{=}{<} \left\{\begin{matrix} SG \\ MN \end{matrix}\right\} : GI$$

folglich $\left.\begin{matrix} VN : NM \\ p : q \end{matrix}\right\} \overset{=}{<} FI : IG$

Beweis.

Es ist $p : q \overset{=}{<} FI : IG$ (Det.)

also $KI \overset{=}{<} KX$, wie aus der Determination leicht erhellet.

Ferner ist $EH : GX = OK : GS$ (lib. I. loc. IV, Fall 1. Bew.)

also $FL : GX = p : q$ (wie lib. II. loc. I. Fall 1. Bew.)

Zus. 1.

Für eine andere, die Linien EH, IA, IS in W, Z, Y schneidende gerade Linie OY ist

$EW : GY \gtrless VG : GS$ (lib. I. loc. IV. Fall 1. Zus. 1.)

also ist $FZ : GY \gtrless p : q$ (wie lib. II. loc. I. Fall 1. Zus. 1.)

folglich bestimmen die dem Punkte I näher liegenden Punkte der Linie IS gröſsere Verhältniſse, als die entfernteren.

Zus. 2.

Errichtet man in dem zweiten Durchschnitte R' der Linie TU und des Kreises ein Perpendikel auf TU, so schneidet dasselbe (lib. I. loc. IV. Fall 1. Zus. 2.) die Linie EK in dem Punkte X' so, daſs, wenn die, die Linien EH, FB in H', L' schneidende gerade Linie OL' gezogen wird,

$EH' : GX' = OK : GS$ (lib. I. loc. IV. Fall 1. Zus. 2.)

also $FL' : GX' = p : q$ (wie lib. II. loc. I. Fall 1. Bew.)

mithin ist eine Linie OX' gefunden, welche von den Linien FB, GD Segmente in dem gegebenen Verhältniſse abschneidet, welches Fall 4. ist.

Fall 2.

Die Segmente sollen liegen auf den Linien FI, IG. (Fig. 62.)

Analysis.

Buchst., wie zu lib. II. loc. I. Fall 1., also ist die Aufgabe auf lib. I. loc. IV. Fall 1. reducirt.

Construction.

Buchst., wie zu lib. II. loc. I. Fall 1.

Determination.

Da (lib. I. loc. IV. Fall 1. Zus. 2) die durch beide Durchschnittspunkte des Kreises und der geraden Linie TU bestimmten Punkte X, X′ auf verschiedenen Seiten des Punktes E liegen, so muſs, damit X auf GI falle, seyn $KI \overset{=}{>} K\alpha + \alpha X$, wenn $K\alpha = \alpha S$.

Es ist aber $\left.\begin{matrix} KX.XS \\ \left.\begin{matrix} K\alpha^2 \\ \frac{1}{4}KS^2 \end{matrix}\right\} - \alpha X^2 \end{matrix}\right\} = EK.GS$

---

also $\alpha X = \sqrt{\frac{1}{4}KS^2 - EK.GS}$

---

folglich muſs seyn $KI \overset{=}{>} K\alpha + \alpha X$

---

also $p : q \overset{=}{>} FI : IG$ (wie zu Fall 1.)

Beweis.

Es ist $p : q \overset{=}{>} FI : IG$ (Det.)

---

also $KI \overset{=}{>} KX$, wie leicht aus der Determination erhellet.

Ferner ist $\underline{EH : GX = OK : GS}$ (lib. I. loc. IV. Fall 1. Bew.)

also FL : GX = p : q (wie lib. II loc. I. Fall 1. Bew.)

Zus. 1.

Für eine andere, die Linien EH, GI, IF in W, Y, Z schneidende gerade Linie OZ ist

$\underline{EW : GY \gtrless VG : GS}$

also ist FZ : GY $\gtrless$ p : q (wie lib. II. loc. I. Fall 1. Zus. 1.) folglich bestimmen die dem Punkte I näher liegenden Punkte der Linie EI kleinere Verhältnifse, als die entferneren.

Zus. 2.

Buchst., wie Fall 1. Zus. 2.

Fall 3.

Die Segmente sollen liegen auf den Linien FI, GK. (Fig. 63.)

Analysis.

Buchst., wie zu lib. II. loc. I. Fall 1., also ist die Aufgabe auf lib. I. loc. IV. Fall 2. reducirt.

Construction.

Buchst., wie zu lib. II. loc. I. Fall 1.

Beweis.

Es ist $\underline{EH : GX = OK : GS}$ (lib. I. loc. IV. Fall 2. Bew.)

also FL : GX = p : q (wie lib. II. loc. I. Fall 1. Bew.)

Zus. 1.

Für eine andere, die Linien EH, EG, FI in W, Y, Z schneidende gerade Linie OZ ist

EW : GY $\gtrless$ VG : GS

also ist FZ : GY $\gtrless$ p : q (wie lib. II. loc. I. Fall 1. Zus. 1.) folglich bestimmen die dem Punkte I näher liegenden Punkte der Linie GE gröſsere Verhältniſse, als die entfernteren.

Zus. 2.

Errichtet man in dem zweiten Durchschnitte R' der Linie TU und des Kreises ein Perpendikel auf TU, so schneidet dasselbe die verlängerte IK in einem Punkte X' so, daſs, wenn die, die Linien EH, IA in H', L' schneidende gerade Linie OX' gezogen wird, EH' : GX' = VG : GS (lib. I. loc. IV. Fall 2. Zus. 2.)

also FL' : GX' = p : q (wie lib. II. loc. I. Fall 1. Zus. 2.)

Es ist mithin eine Linie OX' gefunden, welche von den Linien FA, GD Segmente in dem gegebenen Verhältniſse abschneidet, welches Fall 5. ist.

Fall 4.

Die Segmente sollen liegen auf den Linien FB, GD. (Fig. 64.)

Analysis.

Buchst., wie zu lib. II. loc. I. Fall 1., also ist die Aufgabe auf lib. I. loc. IV. Fall 3. reducirt.

Construction.

Buchst., wie zu lib. II. loc. I. Fall 1.

Beweis.

Es ist EH : GX = VG : GS (lib. I. loc. IV. Fall 3.)

also FL : GX = p : q (wie lib. II. loc. I. Fall 1. Bew.)

Zus. 1.

Für eine andere, die Linien EK, EH, FB in Y, W, Z schneidende gerade Linie OZ ist

EW : GY $\lesseqgtr$ VG : GS (lib. I. loc. IV. Fall 3. Zus. 1.)

---

also FZ : GY $\lesseqgtr$ p : q (wie lib. II. loc. I. Fall 1. Zus. 1.)

folglich bestimmen die dem Punkte I näher liegenden Punkte der Linie EK kleinere Verhältnifse, als die entfernteren.

Zus. 2.

Errichtet man in dem zweiten Durchschnitte R' der Linie TU und des Kreises ein Perpendikel auf TU, so schneidet dasselbe die Linie GS in einem Punkte X' so, dafs, wenn die, die Linien EH, FA in H', L' schneidende gerade Linie OX' gezogen wird,

EH' : GX' = VG : GS (lib. I. loc. IV. Fall 3. Zus. 1.)

---

also FL' : GX' = p : q (wie lib. II. loc. I. Fall 1. Bew.)

Es ist mithin eine Linie OX' gefunden, welche von den Linien FA, GC Segmente in dem gegebenen Verhältnifse abschneidet, und der Punkt X' liegt auf IC, oder in I, oder auf IG, je nachdem $p : q \left\{\begin{matrix} < \\ = \\ > \end{matrix}\right\}$ FI : IG, welches aus Fall 1. 2. erhellet.

Fall 5.

Die Segmente sollen liegen auf den Linien FA, GD. (Fig 65.)

Analysis.

Buchst., wie zu lib. II. loc. II. Fall 1., also ist die Aufgabe auf lib. I. loc. IV. Fall 4. reducirt.

Construction.

Buchst., wie zu lib. II. loc. I. Fall 1.

Beweis.

Es ist EH : GX=OK:GS (lib. I. loc. IV. Fall 4. Bew.)

also FL : GX=p : q (wie lib. II. loc. I. Fall 1.)

Zus. 1.

Für eine andere, die Linien KD, EH, IA in Y, W, Z schneidende gerade Linie OY ist

EW : GY $\gtrless$ VG:GS (lib. I. loc. IV. Fall 4. Zus. 1.)

also auch FZ : GY $\gtrless$ p : q (wie lib. II. loc. I. Fall 1. Zus. 1.)

mithin bestimmen die dem Punkte I näher liegenden Punkte der Linie KD kleinere Verhältnifse, als die entfernteren.

Zus. 2.

Errichtet man in dem zweiten Durchschnitte R' der Linie TU und des Kreises ein Perpendikel auf TU, so schneidet dasselbe die Linie GE in einem Punkte X' so, dafs, wenn die, die Linien EH, FI in H', I' schneidende gerade Linie OX' gezogen wird, EH' : GX'=OK : GS (lib. I. loc. IV. Fall 4. Zus. 2.)

also FI' : GX'=p : q (wie lib. II. loc. I. Fall 1. Bew.)

folglich ist eine Linie OX' gefunden, welche von den Linien FI, GK Segmente in dem gegebenen Verhältnifse abschneidet, welches Fall 3. ist.

c.) in dem Punkte E. (Fig. 66—69.). (Loc. VI.)

Fall 1.

Die Segmente sollen liegen auf den Linien FA, GC. (Fig. 66.)

Analysis.

Es sey LX die gesuchte Linie. Zieht man EH # AB, welche der geraden Linie OX in H begegne, so ist FL : EH = FO : OE, also ist das Verhältnifs FL : EH gegeben. Da auch das Verhältnifs FL : GX gegeben ist, so ist das Verhältnifs EH : GX gegeben, folglich die Aufgabe auf lib. I. loc. III. Fall 1. reducirt.

Construction.

Man ziehe OF, OK # AB # VGN, OV # CD # FN, mache NP = p, NQ = q, ziehe VM # PQ, MS # AB, OX # VS, so sind FL, GX die gesuchten Segmente.

Determination.

Da $KX \overset{=}{>} KI$ werden soll, so mufs seyn $\left.\begin{matrix}OK:KX\\HG:GX\end{matrix}\right\} \overset{=}{<} OK:KI$

$$\text{Da aber } FL:GH = FO:OE = NV:\left\{\begin{matrix}VG\\OK\end{matrix}\right.$$

$$\text{so mufs seyn } \left.\begin{matrix}FL:GX\\p:q\end{matrix}\right\} \overset{=}{<} \left\{\begin{matrix}NV:KI\\OK+FI:IK\end{matrix}\right.$$

Beweis.

$$\text{Es ist } \left.\begin{matrix}p:q\\VN:NM\end{matrix}\right\} \overset{=}{<} \left\{\begin{matrix}OK+FI\\VN\end{matrix}\right\} : IK \quad \text{(Det.)}$$

$$\text{also } \left.\begin{matrix}MN\\GS\end{matrix}\right\} \overset{=}{>} KI$$

$$\left.\begin{array}{l}\text{folglich } VG : GS \\ HG : GX \\ OK : KX\end{array}\right\} \overset{=}{<} OK : KI$$

$$\text{mithin } KX \overset{=}{>} KI$$

$$\begin{aligned}\text{Ferner ist } HG : GX &= OK : GS \\ FL : GH &= FO : OG \\ &= NV : VG\end{aligned}$$

$$\text{also } FL : GX = NV : \left\{\begin{array}{l}GS \\ MN\end{array}\right.$$

$$= p : q$$

Zus.

Für eine andere, die Linien EH, IA, IS in W, Z, Y schneidende gerade Linie ist

$WG : GY \gtrless VG : GS$ (lib. I. loc. III. Fall 1. Zus.)

---

also $FZ : GY \gtrless p : q$ (wie lib. II. loc. I. Fall 1. Zus. 1.)
mithin bestimmen die dem Punkte I näher liegenden Punkte der Linie IS größere Verhältnifse, als die entfernteren.

Fall 2.

Die Segmente sollen liegen auf den Linien FI, IG. (Fig. 67.)

Analysis.

Buchst., wie zu Fall 1., also ist die Aufgabe auf lib. I. loc. III. Fall 1. reducirt.

Construction.

Buchst., wie zu Fall 1.

Determination.

Damit $KX \overset{=}{<} KI$ werde, mufs seyn

$$\left.\begin{matrix} OK : KX \\ HG : GX \end{matrix}\right\} \overset{=}{>} OK : KI$$

$$\text{Da } FL : GH = FO : OE = NV : \left\{\begin{matrix} VG \\ OK \end{matrix}\right.$$

---

so mufs $\left.\begin{matrix} FL : GX \\ p : q \end{matrix}\right\} \overset{=}{>} \left\{\begin{matrix} NV : KI \\ OK+FI : IK \end{matrix}\right.$ seyn

Damit $KX > KE$ werde, mufs seyn

$VG : GS < OK : KE$ (lib. I. loc. III. Fall 1. Det.)

---

also $GS > KE$

---

folglich $\left.\begin{matrix} VN : \left\{\begin{matrix} GS \\ NM \end{matrix}\right. \\ p : q \end{matrix}\right\} < OK+FI : KE$

Beweis.

Es ist $\left.\begin{matrix} p : q \\ VN : NM \end{matrix}\right\} \overset{=}{>} \left\{\begin{matrix} OK+FI \\ VN \end{matrix}\right\} : IK$

---

also $\left.\begin{matrix} MN \\ GS \end{matrix}\right\} \overset{=}{<} KI$

---

folglich $\left.\begin{matrix} VG : GS \\ HG : GX \\ OK : KX \end{matrix}\right\} \overset{=}{>} OK : KI$

---

mithin $KX \overset{=}{<} KI$

$$\text{Ferner ist } \left.\begin{matrix} p:q \\ VN:NM \end{matrix}\right\} < \left\{\begin{matrix} OK+FI \\ VN \end{matrix}\right\} : KE$$

$$\text{also } MN > KE$$

$$\text{folglich } \left.\begin{matrix} OK \\ VG \end{matrix}\right\} : \left\{\begin{matrix} MN \\ GS \end{matrix}\right\} < OK : KE$$

$$\text{mithin } KX > KE$$

Auch ist $EH : GX = OK : GS$ (lib. I. loc. III. Fall 1. Bew.)

also $FL : GX = p : q$ (wie lib. II. loc. I. Fall 1. Bew.)

Zus.

Für eine andere, die Linien EH, EI, IF in W, Y, Z schneidende gerade Linie OZ ist

$WG : GY \gtrless VG : GS$ (lib. I. loc. III. Fall 1. Zus.)

also $FZ : GY \gtrless p : q$ (wie lib. II. loc. I. Fall 1. Zus. 1.)

mithin bestimmen die dem Punkte I näher liegenden Punkte der Linie EI kleinere Verhältnifse, als die entfernteren.

Fall 3.

Die Segmente sollen liegen auf den Linien FB, GK. (Fig. 68.)

Analysis.

Buchst., wie zu Fall 1., also ist die Aufgabe auf lib. I. loc. III. Fall 2. reducirt.

Construction.

Buchst., wie zu Fall 1.

Determination.

Damit der Punkt X zwischen K, G liege, mufs seyn

$OK : GS > OK : KG$ (lib. I. loc. III. Fall 2. Det.)

also $\left.\begin{matrix} GS \\ MN \end{matrix}\right\} < KG$

folglich $\left.\begin{matrix} VN : NM \\ p : q \end{matrix}\right\} > OK + FI : KG$

Beweis.

Es ist $\left.\begin{matrix} p : q \\ VN : \left\{\begin{matrix} NM \\ GS \end{matrix}\right. \end{matrix}\right\} > OK + FI : KG$

folglich $GS < KG$

mithin $VG : GS > OK : KG$

somit $KX < KG$ (lib. I. loc. III. Fall 2. Bew.)

Auch ist $EH : GX = VG : GS$ (lib. I. loc III. Fall 2.)

also $FL : GX = p : q$ (wie lib. II. loc. II. Fall 1. Bew.)

Zus.

Für eine andere, die Linien KE, EH, FB in Y, W, Z schneidende gerade Linie OZ ist

$WG : GY \lessgtr VG : GS$ (lib. I. loc. III. Fall 2. Zus. 1.)

also $FZ : GY \lessgtr p : q$ (wie lib. II. loc. I. Fall 1. Zus. 1.)

folglich bestimmen die dem Punkte I näher liegenden Punkte der Linie KE kleinere Verhältnifse, als die entfernteren.

Fall 4.

Die Segmente sollen liegen auf den Linien FA, GD. (Fig. 69.)

Analysis.

Buchst., wie zu Fall 1., also ist die Aufgabe auf lib. I. loc. III. Fall 3. reducirt.

Construction.

Buchst., wie zu Fall 1.

Beweis.

Es ist EH : GX = OK : GS (lib. I. loc. III. Fall 3. Bew.)

also FL : GX = p : q (wie lib. II. loc. I. Fall 1. Bew.)

Zus.

Für eine andere, die Linien KD, EH, IA in Y, W, Z schneidende gerade Linie ist

EW : GY $\gtrless$ VG : GS (lib. I. loc. III. Fall 3. Zus.)

also FZ : GY $\gtrless$ p : q (wie lib. II. loc. I. Fall 1. Zus.)

folglich bestimmen die dem Punkte I näher liegenden Punkte der Linie KD gröſsere Verhältniſse, als die entfernteren.

II. auf IA (siehe pag. 58.). (Fig. 70 — 104.). Zieht man durch O die gerade Linie Oa ♯ CD, und bezeichnet man mit a den Durchschnit derselben mit der Linie IA, so liege F

1.) in a. (Fig. 70 — 79.). Der Punkt G liege

A.) auf der Linie IC. Dieser Fall ist erlediget durch lib. II. loc. II.

B.) auf der Linie ID. (Fig. 70 — 79.) Bezeichnet man mit K den Durchschnitt der Linie CD mit einer durch O mit AB gezogenen Parallellinie OK, so liege der Punkt G

a.) in K. (Fig. 70—72.) (Loc. VII.).

Fall 1.

Die Segmente sollen liegen auf den Linien FA, KD. (Fig. 70.)

Analysis.

Es sey LX die gesuchte Linie, so ist

$$\left.\begin{array}{r} FL : GX \\ \left.\begin{array}{r} FL.GX \\ \text{(El. VI. 4. 16.)}\ FO.OK \end{array}\right\} : GX^2 \end{array}\right\} = p : q$$

folglich GX, somit X, und OX der Lage nach gegeben.

Construction.

Man mache HK = KO, IKT = R, KP = p, KQ = q, beschreibe über IH, PQ als Durchmessern Kreise, welche die Linie KT in T, R schneiden, ziehe TX ⌗ RQ, und verbinde die Punkte O, X durch die gerade Linie OX, welche in L der Linie FA begegne, so ist LX die gesuchte Linie.

Beweis.

$$\text{Es ist } FL : GX = \left\{\begin{array}{c} FL.GX \\ FO.OK \\ IG.GH \\ TG^2 \end{array}\right\} : GX^2$$

$$= RG^2 : GQ^2$$

$$= \left\{\begin{array}{c} PG : GQ \\ p : q \end{array}\right.$$

Zus. 1.

Für eine andere, die Linien GD, FA in Y, Z schneidende gerade Linie OY ist

$$FZ \gtrless FL\ ,\quad GY \lessgtr GX$$

$$\text{also } FZ : GY \gtrless FL : GX$$

folglich bestimmen die dem Punkte I näher liegenden Punkte der Linie GD gröſsere Verhältniſse, als die entfernteren.

Zus. 2.

Zieht man durch den zweiten Durchschnitt T' des über IH beschriebenen Kreises mit TK eine, die Linie CD in X' schneidende, mit RQ parallele Linie, so liegt X' zwischen G, I, oder in I, oder zwischen I, C, je nachdem $KX' \begin{Bmatrix} < \\ = \\ > \end{Bmatrix} KI$

$$\text{also } T'K : KX' \begin{Bmatrix} > \\ = \\ < \end{Bmatrix} T'K : KI$$

$$\text{folglich } \begin{Bmatrix} T'K^2 : KX'^2 \\ p : q \end{Bmatrix} \begin{Bmatrix} > \\ = \\ < \end{Bmatrix} \begin{Bmatrix} \begin{Bmatrix} T'K^2 \\ IK.KO \end{Bmatrix} : KI^2 \\ FI : IK \end{Bmatrix}$$

und es ist, wenn die, die Linie AB in L' schneidende gerade Linie OX' gezogen wird,

$$FL' : GX' = \begin{Bmatrix} FL'.GX' \\ FO.OK \\ T'G^2 \end{Bmatrix} : GX'^2$$
$$= RG^2 : GQ^2$$
$$= p : q$$

Es ist also eine Linie OX' gefunden, welche von den Linien FI, GC, oder FB, GC Segmente in dem gegebenen Verhältnifse abschneidet, welches Fall 2., oder Fall 3. ist.

Fall 2.

Die Segmente sollen liegen auf den Linien FB, GI. (Fig. 71.)

Analysis. Construction.

Buchst., wie zu Fall 1.

Determination.

Da $KI \geqq KX$ werden soll, so mufs seyn

$$TK : KI \leqq TK : KX$$

$$\text{also}\ \left.\begin{array}{r} \left.\begin{array}{r} TK^2 \\ IK.KO \end{array}\right\} : KI^2 \\ OK : KI \\ FI : IK \end{array}\right\} \leqq \left\{\begin{array}{l} TK^2 : KX^2 \\ RK^2 : KQ^2 \\ \quad p : q \end{array}\right.$$

Beweis.

$$\text{Es ist}\ \left.\begin{array}{r} FI : IK \\ OK : KI \\ \left.\begin{array}{r} IK.KO \\ TK^2 \end{array}\right\} : KI^2 \end{array}\right\} \leqq \left\{\begin{array}{l} p : q\ \text{(Det.)} \\ RK^2 : KQ^2 \\ TK^2 : KX^2 \end{array}\right.$$

$$\text{also}\ KI \geqq KX$$

$$\text{Auch ist}\ FL : GX = FL.GX : GX^2$$

$$\text{also}\ FL : GX = p : q\ \text{(wie Fall 1. Bew.)}$$

Zus. 1.

Für eine andere, die Linien GC, FB in Y, Z schneidende gerade Linie OZ ist

$$FZ \gtrless FL\ ,\ GY \lessgtr GX$$

$$\text{also } FZ : GY \gtrless FL : GX$$

folglich bestimmen die dem Punkte I näher liegenden Punkte der geraden Linie IK kleinere Verhältnifse, als die entfernteren.

Zus. 2.

Zieht man durch den zweiten Durchschnitt T′ des über HI beschriebenen Kreises mit TK eine, die Linie CD in X′ schneidende, mit RQ parallele Linie, so ist, wenn die, die Linie AB in L′ schneidende gerade Linie OX′ gezogen wird, FL′ : GX′ = p : q (wie Fall 1. Zus. 2.). Es ist also eine Linie OX′ gefunden, welche von den Linien FA, GD Segmente in dem gegebenen Verhältnifse abschneidet, welches Fall 1. ist.

Fall 3.

Die Segmente sollen liegen auf den Linien FI, GC. (Fig. 72.)

Analysis. Construction.

Buchst., wie zu Fall 1.

Determination.

Da $KX \overset{=}{>} KI$ werden soll, so mufs seyn

$$TK : KI \overset{=}{>} TK : KX$$

$$\text{also } \left.\begin{matrix} TK^2 \\ IK.KO \\ FI.IK \end{matrix}\right\} : \left.\begin{matrix} KI^2 \\ \\ \\ FI : IK \end{matrix}\right\} \overset{=}{>} \left\{\begin{matrix} TK^2 : KX^2 \\ RK^2 : KQ^2 \\ p : q \end{matrix}\right.$$

Beweis.

$$\text{Es ist } \left.\begin{array}{r} FI : IK \\ \left.\begin{array}{l} FI.IK \\ IK.KO \\ TK^2 \end{array}\right\} : KI^2 \end{array}\right\} \geqq \left\{\begin{array}{l} p : q \text{ (Det.)} \\ RK^2 : KQ^2 \\ TK^2 : KX^2 \end{array}\right.$$

$$\text{also } KI \leqq KX$$

$$\text{Auch ist } FL : GX = FL.GX : GX^2$$

$$\text{also } FL : GX = p : q \text{ (wie zu Fall 1.)}$$

Zus. 1.

Für eine andere, die Linien IC, IF in Y, Z schneidende gerade Linie OY ist

$$FZ \lessgtr FL \ , \ GY \gtrless GX$$

$$\text{also } FZ : GY \lessgtr FL : GX$$

folglich bestimmen die dem Punkte I näher liegenden Punkte gröfsere Verhältnifse, als die entfernteren.

Zus. 2.

Buchst., wie Fall 2. Zus. 2.

b.) auf der Verlängerung der Linie IK. (Fig. 73 — 75.) (Loc. VIII.)

Fall 1.

Die Segmente sollen liegen auf den Linien FA, GD. (Fig. 73.)

Analysis.

Es sey LX die gesuchte Linie, so ist

$$\left.\begin{array}{r} FL : GX \\ \left.\begin{array}{r} FL.KX \\ FO.OK \end{array}\right\} : GX.XK \end{array}\right\} = p:q$$

also ist GX.XK gegeben. Da auch KX−XG=GK gegeben ist, so ist (Dat. 85) GX, somit der Punkt X, und die gerade Linie OX der Lage nach gegeben.

Construction.

Man mache OK#AB, IKH=R, HK=KO, EK=KI, KP=p, KQ=q, beschreibe über HE, PQ Halbkreise, welche der Linie ID in N, V begegnen, ziehe PN, mache KVR=KPN, KT=TG, und beschreibe aus T als Mittelpunkt einen Kreis mit einem Radius =TR, welcher die KD in X schneide, so ist die gerade Linie OX die gesuchte.

Beweis.

Es ist NK : KR = PK : KV

$$\left.\begin{array}{r} \text{also } NK^2 : KR^2 \\ \left.\begin{array}{r} EK.KH \\ IK.KQ \\ FO.OK \\ FL.KX \end{array}\right\} : KX.XG \\ FL : GX \end{array}\right\} \begin{array}{l} = PK^2 : KV^2 \\ = PK : KQ \\ = p:q \\ \\ \\ \\ \end{array}$$

Zus. 1.

Buchst., wie lib. II. loc. VII. Fall 1. Zus. 1.

Zus. 2.

Bezeichnet man mit X′ den zweiten Durchschnitt des mit einem Radius =TR beschriebenen Kreises mit der Linie CT, so fällt X′ zwischen I, C, oder in I, oder zwischen I, K, je nachdem $IK\left\{\begin{matrix}<\\=\\>\end{matrix}\right\}KX'$, $IG\left\{\begin{matrix}<\\=\\>\end{matrix}\right\}GX'$

---

also $KI.IG\left\{\begin{matrix}<\\=\\>\end{matrix}\right\}KX'.X'G$

$$\text{folglich}\ \left.\begin{matrix}FI.IK : KI.IG\\ FI : IG\end{matrix}\right\}\left\{\begin{matrix}>\\=\\<\end{matrix}\right\}\left\{\begin{matrix}\left.\begin{matrix}FI.IK\\ EK.KH\\ NK^2\end{matrix}\right\} : \left\{\begin{matrix}KX'.X'G\\ KR^2\end{matrix}\right.\\ PK^2 : KV^2\\ p : q\end{matrix}\right.$$

$$\text{Auch ist}\ \left.\begin{matrix}\left.\begin{matrix}NK^2\\ FO.OK\\ FL'.KX'\end{matrix}\right\} : \left\{\begin{matrix}KR^2\\ KX'.X'G\end{matrix}\right\}\\ FL' : KX'\end{matrix}\right\} = p : q$$

Es ist also eine Linie OX' gefunden, welche von den Linien FB, GC, oder FI, GC Segmente in dem gegebenen Verhältnifse abschneidet, welches Fall 3., oder Fall 4. ist.

Fall 2.

Die Segmente sollen liegen auf den Linien FA, GK. (Fig. 74.)

Analysis.

Buchst., wie zu Fall 1., wenn KX+XG statt KX−XG, und Dat. 86. statt Dat. 85. gesetzt wird.

Construction.

Man bestimme KR, wie in Fall 1., ziehe RM ♯ CD, welche einem über KG beschriebenen Halbkreise in M begegne, fälle von M ein Perpendikel

MX auf CD, und ziehe OX, welche der Linie IA in I begegne, so sind FL, GX die gesuchten Segmente.

Determination.

Damit RM den über KG beschriebenen Halbkreis erreiche, muſs seyn $KR \leqq \frac{1}{2}KG$.

$$\text{Nun ist } NK : KR = PK : KV$$

$$\text{also } \left.\begin{array}{r} NK^2 \\ HK.KE \\ FO.OK \end{array}\right\} \begin{array}{l} : KR^2 = PK^2 : KV^2 \\ \quad\;\, = p : q \\ \end{array}$$

$$\text{folglich muſs seyn } p : q \geqq FO.OK : \tfrac{1}{4}KG^2$$

Beweis.

$$\left.\begin{array}{r} \text{Es ist } p : q \\ PK^2 : KV^2 \\ \left.\begin{array}{r} NK^2 \\ FO.OK \end{array}\right\} : KR^2 \end{array}\right\} \geqq FO.OK : \tfrac{1}{4}KG^2 \text{ (Det.)}$$

$$\text{also } KR^2 \geqq \tfrac{1}{4}KG^2$$

$$\text{folglich } KR \geqq \tfrac{1}{2}KG$$

mithin berührt (Fig. 74. a.), oder schneidet (Fig. 74. b.) der Kreis die Linie RM.

$$\text{Nun ist } NK : KR = PK : KV$$

$$\text{also } FL : GX = p : q \text{ (wie zu Fall 1.)}$$

Zus. 1.

Für eine, in Fig. 74. a. die Linien KG, FA in Y, Z schneidende gerade Linie OX ist

$$KY.YG < KX.XG \quad (\text{El. II. } 5.)$$

$$\text{also}\ \left\{\begin{array}{l} \left.\begin{array}{r} NK^2 \\ FO.OK \\ FZ.KY \end{array}\right\} : KY.YG \\ FZ : GY \end{array}\right\} > \left\{\begin{array}{l} NK^2 : \left\{\begin{array}{l} KX.XG \\ KR^2 \end{array}\right. \\ \quad p : q \end{array}\right.$$

folglich bestimmt der Halbirungspunkt von KG ein kleineres Verhältnifs, als jeder andere Punkt dieser Linie.

Auch ist für eine, die Linien KG, FA in γ, δ schneidende gerade Linie Oδ, wenn $\gamma X > XY$,

$$K\gamma.\gamma G < KY.YG \quad (\text{El. II. } 5.)$$

$$\text{also}\ \left\{\begin{array}{l} \left.\begin{array}{r} NK^2 \\ FO.OK \\ F\delta.K\gamma \end{array}\right\} : K\gamma.\gamma G \\ F\delta : G\gamma \end{array}\right\} > \left\{\begin{array}{l} \left.\begin{array}{l} NK^2 \\ FO.OK \\ FZ.KY \end{array}\right\} : KY.YG \\ FZ : GY \end{array}\right.$$

mithin bestimmt jeder dem Halbirungspunkte von KG näher liegende Punkt dieser Linie ein kleineres Verhältnifs, als der entferntere.

Zus. 2.

Fällt man in Fig. 74 b. von dem zweiten Durchschnitte M' ein Perpendikel M'X' auf CD, so ist auch, wenn die Linie OX' die Linie FA in L' schneidet, FL' : GX' = p : q, wie vorhin.

Fall 3.

Die Segmente sollen liegen auf den Linien FI, GX. (Fig. 75. a.)

Analysis. Construction.

Buchst., wie zu Fall 1.

Determination.

Damit X auf IC falle, mufs werden

$$IK \overset{=}{<} KX \ , \ IG \overset{=}{<} GX$$

$$\text{also } KI.IG \overset{=}{<} KX.XG$$

$$\text{folglich } \left.\begin{array}{r} FI.IK : KI.IG \\ HI : IG \end{array}\right\} \overset{=}{>} \left\{\begin{array}{l} \left.\begin{array}{l} FO.OK \\ FL.KX \end{array}\right\} : KX.XG \\ \quad FL : GX \\ \quad\ \ p : q \end{array}\right.$$

Beweis.

$$\left.\begin{array}{r} \text{Es ist } p : q \\ PK : KQ \\ PK^2 : KV^2 \\ NK^2 : KR^2 \end{array}\right\} \overset{=}{<} \left\{\begin{array}{l} FI : IG \\ \left.\begin{array}{l} FI.IK \\ NK^2 \end{array}\right\} : KI.IG \end{array}\right.$$

$$\begin{array}{l} \text{also } \left.\begin{array}{l} KR^2 \\ \left.\begin{array}{l} TR^2 \\ TX^2 \end{array}\right\} - TK^2 \end{array}\right\} \overset{=}{>} \left\{\begin{array}{l} KI.IG \\ TI^2 - TK^2 \end{array}\right. \end{array}$$

$$\text{folglich } TX^2 \overset{=}{>} TI^2$$

$$\text{mithin } TX \overset{=}{>} TI.$$

Ferner ist $NK : KR = PK : KV$

---

also $FL : GX = p : q$ (wie zu Fall 1.)

Zus. 1.

Buchst., wie lib. II. loc. VII. Fall 3. Zus. 1.

Zus. 2.

Zieht man durch den zweiten Durchschnitt X′ der Linie KT und des aus T als Mittelpunkt mit TR als

Radius beschriebenen Kreises die gerade Linie OX', welche IH in L' schneide, so ist FL' : GX' = p : q, wie aus Fall 1. Bew. erhellet. Es ist also eine Linie OX' gefunden, welche von den Linien FA, GD Segmente in dem gegebenen Verhältnifse abschneidet, welches Fall 1. ist.

Fall 4.

Die Segmente sollen liegen auf den Linien FB, GI. (Fig. 75. b.)

Analysis. Construction.

Buchst., wie zu Fall 1.

Determination.

Damit X auf KI liege, mufs seyn

$$\mathrm{KX} \leqq \mathrm{KI}\;,\quad \mathrm{GX} \leqq \mathrm{GI}$$

$$\text{also } \mathrm{KI.IG} \geqq \mathrm{KX.XG}$$

$$\text{folglich } \left.\begin{matrix}\mathrm{FI.IK:KI.IG}\\ \mathrm{FI:IG}\end{matrix}\right\} \leqq \left\{\begin{matrix}\left.\begin{matrix}\mathrm{FO.OK}\\ \mathrm{FL.KX}\end{matrix}\right\} : \mathrm{KX.XG}\\ \mathrm{FL:GX}\\ \mathrm{p:q}\end{matrix}\right.$$

Beweis.

$$\left.\begin{matrix}\text{Es ist } \mathrm{p:q}\\ \mathrm{PK:KQ}\\ \mathrm{PK^2:KV^2}\\ \mathrm{NK^2:KR^2}\end{matrix}\right\} \geqq \left\{\begin{matrix}\mathrm{FI:IG}\\ \left.\begin{matrix}\mathrm{FI.IK}\\ \mathrm{NK^2}\end{matrix}\right\} : \mathrm{KI.IG}\end{matrix}\right.$$

$$\text{also } \left.\begin{matrix} KR^2 \\ TR^2 - TK^2 \end{matrix}\right\} \overset{=}{<} \left\{\begin{matrix} KI.IG \\ TI^2 - TK^2 \end{matrix}\right.$$

$$\text{folglich } \left.\begin{matrix} TR \\ TX \end{matrix}\right\} \overset{=}{<} TI$$

Ferner ist $NK : KR = PK : KV$

also $FL : GX = p : q$ (wie zu Fall 1.)

Zus. 1.

Buchst., wie lib. II. loc. VII. Fall 3. Zus. 1.

Zus. 2.

Buchst., wie Fall 3. Zus. 2.

c.) auf der Linie KI. (Fig. 76 – 79.) (Loc. IX.).

Fall 1.

Die Segmente sollen liegen auf den Linien FA, GD. (Fig. 76.)

Analysis.

Wie zu loc. VIII. Fall 1., wenn nur GX – XK statt KX – XG gesetzt wird.

Construction und Beweis.

Buchst., wie zu loc. VIII. Fall 1.

Zuss. 1. 2.

Buchst., wie loc. VIII. Fall 1. Zuss. 1. 2.

Fall 2.

Die Segmente sollen liegen auf den Linien FB, GK. (Fig. 77. a. b.)

Analysis. Construction. Determination. Beweis. Zuss.

Buchst., wie zu loc. VIII. Fall 2.

Fall 3.

Die Segmente sollen liegen auf den Linien FI, GC. (Fig. 78.)

Analysis. Construction. Determination. Beweis. Zuss. 1. 2.

Buchst., wie zu loc. VIII. Fall 3.

Fall 4.

Die Segmente sollen liegen auf den Linien FB, GI. (Fig. 79.)

Analysis. Construction. Determination. Beweis. Zuss. 1. 2.

Buchst., wie zu loc. VIII. Fall 4.

2.) auf der Verlängerung von Ia. (Fig. 80 — 98.) Der Punkt G liege

A.) auf der Linie IC.

Ist erlediget durch lib. II. loc. III.

B.) auf der Linie ID, namentlich, wenn OK#AB gezogen wird,

a.) in K. Ist erlediget durch lib. II. loc. VIII.

b.) auf der Linie KD. Bezeichnet man mit E den Durchschnitt der Linie CD mit der geraden Linie OF, so liege der Punkt G

α.) in E. (Fig. 80—84.) (Loc. XI.)

Fall 1.

Die Segmente sollen liegen auf den Linien FZ, GD. (Fig. 80.)

Analysis.

Buchst., wie zu lib. II. loc. I. Fall 1., also ist die Aufgabe auf lib. I. loc. III. Fall 1. reducirt.

Construction.

Buchst., wie zu lib. II. loc. VI. Fall 1.

Determination.

Vermöge lib. I. loc. III. Fall 1. Dét. mufs seyn

$$VG : GS < OK : KE$$

$$\text{also } \left\{\begin{matrix}GS\\MN\end{matrix}\right\} > KE$$

$$\text{folglich } \left.\begin{matrix}VN : NM\\p : q\end{matrix}\right\} < \left\{\begin{matrix}VN : KE\\FI-OK : KE\end{matrix}\right.$$

Beweis.

$$\text{Es ist } \left.\begin{matrix}p : q\\VN : \left\{\begin{matrix}NM\\GS\end{matrix}\right.\end{matrix}\right\} < \left\{\begin{matrix}FI-OK\\VN\end{matrix}\right\} : KE$$

$$\text{also } GS > KE$$

$$\text{folglich } \left.\begin{array}{r} VG : GS \\ OK : KX \end{array}\right\} < OK : KE$$

$$\text{mithin } KX > KE$$

Auch ist $\overline{EH} : GX = VG : GS$ (lib. I. loc. III. Fall 1.)

also $FL : GX = p : q$ (wie lib. II. loc. I. Fall 1. Bew.)

Zus.

Für eine andere, die Linien ES, EH, FI in Y, W, Z schneidende gerade Linie OY ist

$$\overline{EW} : GY \lessgtr VG : GS \text{ (lib. I. loc. III. Fall 1. Zus.)}$$

also $FZ : GY \lessgtr p : q$ (wie lib. II. loc. I. Fall 1. *Zus.* 1.)

mithin bestimmen die dem Punkte I näher liegenden Punkte der Linie ES gröſsere Verhältniſse, als die entfernteren.

Fall 2.

Die Segmente sollen liegen auf den Linien FA, GI. (Fig. 81.)

Analysis.

Buchst., wie zu lib. II. loc. I. Fall 1., also ist die Aufgabe auf lib. I. loc. III. Fall 2. reducirt.

Construction.

Buchstäblich, wie zu Fall 1.

Determination.

Vermöge lib. I. loc. III. Fall 2. Det. muſs seyn

$$VG : GS > OK : KE$$

$$\text{also } \left.\begin{array}{c} GS \\ MN \end{array}\right\} < KE$$

$$\text{folglich } \left.\begin{array}{r}VN : NM\\ p : q\end{array}\right\} > \left\{\begin{array}{l}VN : KE\\ FI-OK : KE\end{array}\right.$$

Beweis.

$$\left.\begin{array}{r}\text{Es ist } p : q\\ VN : \left\{\begin{array}{c}NM\\ GS\end{array}\right\}\end{array}\right\} > \left\{\begin{array}{c}FI-OK\\ VN\end{array}\right\} : KE$$

$$\text{also } GS < KE$$

$$\text{folglich } \left.\begin{array}{r}VG : GS\\ OK : KX\end{array}\right\} > OK : KE$$

$$\text{mithin } KX < KE$$

Auch ist $EH : GX = VG : GS$ (lib. I. loc. III. Fall 2.)

also $FL : GX = p : q$ (wie lib. II. loc. I. Fall 1. Bew.)

Zus.

Für eine andere, die Linien EH, EK, FL in W, Y, Z schneidende gerade Linie OZ ist

$EW : GY \lesseqgtr VG : GS$ (lib. I. loc. III. Fall 2. Zus.)

also $FZ : GY \lesseqgtr p : q$ (wie lib. II. loc. I. Fall 1. Zus. 1.)

folglich bestimmen die dem Punkte I näher liegenden Punkte der Linie EK gröſsere Verhältniſse, als die entfernteren.

Fall 3.

Die Segmente sollen liegen auf den Linien FB, GI. (Fig. 82.)

Analysis.

Buchst., wie zu lib. II. loc. I. Fall 1., also ist die Aufgabe auf lib. I. loc. III. Fall 3. reducirt.

Construction.

Buchst., wie zu Fall 1.

Determination.

Damit $KX \overset{=}{<} KI$ werde, muſs seyn

$$\left.\begin{array}{r} OK : KX \\ HG : GX \end{array}\right\} \overset{=}{>} OK : KI$$

$$\text{Da nun } FL : GH = FO : OE$$
$$= NV : VG$$

$$\text{so muſs seyn } \left.\begin{array}{r} FL : GH \\ p : q \end{array}\right\} \overset{=}{>} \left\{\begin{array}{l} NV : KI \\ FI - OK : KI \end{array}\right.$$

Beweis.

$$\text{Es ist } \left.\begin{array}{r} p : q \\ VN : NM \end{array}\right\} \overset{=}{>} \left\{\begin{array}{c} FI - OK \\ NV \end{array}\right\} : KI \text{ (Det.)}$$

$$\text{also } \left.\begin{array}{r} MN \\ GS \end{array}\right\} \overset{=}{<} KI$$

$$\text{folglich } \left.\begin{array}{r} VG : GS \\ HG : GX \\ OK : KX \end{array}\right\} \overset{=}{>} OK : KI$$

$$\text{mithin } KX \overset{=}{<} KI$$

Ferner ist $EH : GX = OK : GS$ (lib. I. loc. III. Fall 3. Bew.)

also $FL : GX = p : q$ (wie lib. II. loc. I. Fall 1. Bew.)

Zus.

Für eine andere, die Linien BI, IK, EH in Z, Y, W schneidende gerade Linie OZ ist

EW : GY $\lesseqgtr$ VG : GS (lib. I. loc. III. Fall 3. Zus.)

also FZ : GY $\lesseqgtr$ p : q (wie lib. II. loc. I. Fall 1. Zus. 1.)
mithin bestimmen die dem Punkte I näher liegenden Punkte der Linie IK kleinere Verhältnisse, als die entfernteren.

Fall 4.

Die Segmente sollen liegen auf den Linien FI, GC. (Fig. 83.)

Analysis. Construction.

Buchst., wie zu Fall 3.

Determination.

Damit KX $\overset{=}{>}$ KI werde, muſs seyn

$$\left.\begin{matrix}OK : KX\\ HG : GX\end{matrix}\right\} \overset{=}{<} OK : KI$$

Da nun FL : GH = FO : OE
= NV : VG

$$\text{so muſs seyn }\left.\begin{matrix}FL : GX\\ p : q\end{matrix}\right\} \overset{=}{<} \left\{\begin{matrix}NV\\ FI-OK\end{matrix}\right\} : KI$$

Beweis.

$$\text{Es ist }\left.\begin{matrix}p : q\\ VN : NM\end{matrix}\right\} \overset{=}{<} \left\{\begin{matrix}FI-OK\\ NV\end{matrix}\right\} : KI \quad \text{(Det.)}$$

$$\text{also }\left.\begin{matrix}MN\\ GS\end{matrix}\right\} \overset{=}{>} KI$$

$$\text{folglich } \left.\begin{matrix} VG : GS \\ HG : GX \\ OK : KX \end{matrix}\right\} \overset{=}{<} OK : KI$$

$$\text{mithin } KX \overset{=}{>} KI$$

$$\left.\begin{matrix} \text{Ferner ist } EH : GX = OK : GS \\ \hline \text{also } FL : GX = p : q \end{matrix}\right\} \text{(wie zu Fall 3.)}$$

Zus.

Für eine andere, die Linien CI, IF, EH in Y, Z, W schneidende gerade Linie OY ist

$$EW : GY \lesseqgtr VG : GS \text{ (lib. I. loc. III. Fall 3. Zus.)}$$

$$\text{also } FZ : GY \lesseqgtr p : q \text{ (wie lib. II. loc. I. Fall 1. Bew.)}$$

mithin bestimmen die dem Punkte I näher liegenden Punkte der Linie IC gröſsere Verhältniſse, als die entfernteren.

β.) zwischen K, E. (Fig. 84 — 90.) (Loc. XII.)

Fall 1.

Die Segmente sollen liegen auf den Linien FB, GI. (Fig. 84.)

Analysis.

Buchst., wie zu lib. II. loc. I. Fall 1., also ist die Aufgabe auf lib. I. loc. VI. Fall 1. reducirt.

Construction.

Buchst., wie zu lib. II. loc. I. Fall 1.

Determination.

Damit der Punkt X auf KI falle, mufs $KI \geqq KX$ seyn.

$$\text{Nun ist } \left.\begin{matrix} KX.XS \\ X\alpha^2 - \left\{\begin{matrix} \alpha K^2 \\ \tfrac{1}{4}KS^2 \end{matrix}\right. \end{matrix}\right\} = EK.GS \qquad \text{wenn } K\alpha = \alpha S$$

$$\text{also } \alpha X = \sqrt{\tfrac{1}{4}KS^2 + EK.GS}$$

$$\text{folglich mufs seyn } KI \geqq \tfrac{1}{2}KS + \sqrt{\tfrac{1}{4}KS^2 + EK.GS}$$

$$\text{mithin } KI^2 - IK.KS + \tfrac{1}{4}KS^2 \geqq \tfrac{1}{4}KS^2 + EK.GS$$

$$\text{somit } KI^2 \geqq \left\{\begin{matrix} \left.\begin{matrix} IK.KS \\ IK(SG-GK) \end{matrix}\right\} + EK.GS \\ \left.\begin{matrix} (IK+KE)GS \\ IE.GS \end{matrix}\right\} - IK.KG \end{matrix}\right.$$

$$\text{demnach } \left.\begin{matrix} KI(IK+KG) \\ KI.IG \end{matrix}\right\} \geqq IE.GS$$

$$\text{also } \left.\begin{matrix} KI : IE \\ OF : FE \\ VN : NG \end{matrix}\right\} \geqq \left\{\begin{matrix} SG \\ MN \end{matrix}\right\} : GI$$

$$\text{folglich } \left.\begin{matrix} VN : NM \\ p : q \end{matrix}\right\} \geqq \left\{\begin{matrix} NG : GI \\ FI : IG \end{matrix}\right.$$

Beweis.

$$\text{Es ist } p : q \geqq FI : IG \quad \text{(Det.)}$$

also $KI \geqq KX$, wie aus der Determination leicht hervorgehet.

Auch ist EH : GX=OK : GS (lib. I. loc. VI. Fall 1.)

also FL : GX=p:q (wie lib. II. loc. I. Fall 1. Bew.)

Zus. 1.

Für eine andere, die Linien BI, IK, EH in Z, Y, W schneidende gerade Linie OZ ist

EW : GY$\lesseqgtr$VG : GS (lib. I. loc. VI. Fall 1. Zus. 1.)

also FZ : GY$\lesseqgtr$p : q (wie lib. II. loc. I. Fall 1. Zus. 1.)

mithin bestimmen die dem Punkte K näher liegenden Punkte der Linie IK gröfsere Verhältnifse, als die entfernteren.

Zus. 2.

Errichtet man in dem zweiten Durchschnitte R' des Kreises und der Linie TU ein Perpendikel auf TU, so schneidet dasselbe die Linien EG, FA, EH (verm. lib. I. loc. VI. Fall 1. Zus. 2.) in X' so, dafs

EH' : GX'=VG : GS

also FL' : GX'=p : q (wie lib. II. loc. I. Fall 1. Zus. 2.)

mithin ist eine Linie OX' gefunden, welche von den Linien FA, GE Segmente in dem gegebenen Verhältnifse abschneidet, welches Fall 4. ist.

Fall 2.

Die Segmente sollen liegen auf den Linien FI, GC. (Fig. 85.)

Analysis. Construction.

Buchst., wie zu Fall 1.

Determination.

Damit der Punkt X auf IC falle, mufs KI$\overset{=}{<}$KX seyn.

Nun ist $KX.XS = EK.GS$

also $aX = \sqrt{\tfrac{1}{4}KS^2 + EK.GS}$ (wie Fall 1. Det.)

folglich mufs seyn $KI \stackrel{=}{<} \tfrac{1}{2}KS + \sqrt{\tfrac{1}{4}KS^2 + EK.GS}$

mithin $KI^2 - IK.KS + \tfrac{1}{4}KS^2 \stackrel{=}{<} \tfrac{1}{4}KS^2 + EK.GS$

$$\text{somit } KI^2 \stackrel{=}{<} \begin{cases} IK.KS + EK.GS \\ IK.GS - IK.KG + EK.GS \\ IE.GS - IK.KG \end{cases}$$

demnach $KI.IG \stackrel{=}{<} IE.GS$

$$\text{also } \left.\begin{matrix} KI : IE \\ VN : NG \end{matrix}\right\} \stackrel{=}{<} SG : GI$$

$$\text{folglich } \left.\begin{matrix} VN : NM \\ p : q \end{matrix}\right\} \stackrel{=}{<} FI : IG$$

Beweis.

Es ist $p : q \stackrel{=}{<} FI : IG$

also $KI \stackrel{=}{<} KX$, wie aus der Determination leicht hervorgehet.

$$\left.\begin{matrix} \text{Auch ist } EH : GX = OK : GS \\ \text{also } FL : GX = p : q \end{matrix}\right\} \text{(wie zu Fall 1.)}$$

Zuss. 1. 2.

Buchst., wie Fall 1. Zuss. 1. 2.

Fall 3.

Die Segmente sollen liegen auf den Linien FL, GK. (Fig. 86. 87.)

Analysis.

Buchst., wie zu lib. II. loc. I. Fall 1., also ist die Aufgabe auf lib. I. loc. VI. Fall 2. reducirt.

Construction.

Buchst., wie zu lib. II. loc. I. Fall 1.

Determination.

Vermöge lib. I. loc. VI. Fall 2. Det. muſs seyn

$$GS \overset{=}{>} KE+EG-2\sqrt{KE.EG}$$

also $\left.\begin{array}{l} VN:GS \\ p:q \end{array}\right\} \overset{=}{<} \left\{\begin{array}{c} VN \\ FI-OK \end{array}\right\} : KE+EG-2\sqrt{KE.EG}$

Beweis.

Es ist $\left.\begin{array}{l} p:q \\ VN:GS \end{array}\right\} \overset{=}{<} \left\{\begin{array}{c} FI-OK \\ VN \end{array}\right\} : KE+EG-2\sqrt{KE.EG}$

also $GS \overset{=}{>} KE+EG-2\sqrt{KE.EG}$

mithin berührt (Fig. 86.), oder schneidet (Fig. 87.) der Kreis die Linie TU.

Auch ist $EH : GX = VG : GS$ (lib. I. loc. VI. Fall 2.)

also $FL : GX = p : q$ (wie lib. II. loc. I. Fall 1. Bew.)

Zus. 1.

Für eine andere, in Fig. 86. die Linien GK, EH, FA in Y, W, Z schneidende gerade Linie OY ist

$EW : GY > VG : GS$ (lib. I. loc. VI. Fall 2. Zus. 1.)

also $FZ : GY > p:q$ (wie lib. II. loc. IV. Fall 2. Zus. 1.)

mithin bestimmt der Halbirungspunkt X von KS, für welchen $EX = \sqrt{KE.EG}$, ein kleineres Verhältniſs, als jeder andere Punkt der Linie KS.

Auch ist für eine, die Linien GK, EH, FA in γ, β, δ schneidende gerade Linie $O\beta$, wenn $\gamma X > XY$, (vermöge desselben Zusatzes)

$$\frac{E\beta : G\gamma > EW : GY}{\text{also } F\delta : G\gamma > FZ : GY}$$ (wie lib. II. loc. IV. Fall 2. Zus. 1.)

mithin bestimmen die dem Halbirungspunkte von KS näher liegenden Punkte kleinere Verhältnifse, als die entfernteren.

Zus. 2.

Errichtet man in Fig. 87. in dem zweiten Durchschnitte R' des Kreises und der Linie TU ein Perpendikel auf TU, so schneidet dasselbe die Linie KG (verm. lib. I. loc. VI. Fall 2. Zus. 2.) so, dafs, wenn die, die Linien EH, FA in H', L' schneidende gerade Linie OX' gezogen wird,

$$\frac{EH' : GX' = VG : GS}{\text{also } FL' : GX' = p : q}$$ (wie lib. II. loc. I. Fall 1. Zus. 2.)

mithin ist eine zweite Linie OX' gefunden, welche von den gegebenen Linien Segmente in dem gegebenen Verhältnifse abschneidet.

Fall 4.

Die Segmente sollen liegen auf den Linien FA, GD. (Fig. 85.)

Analysis.

Buchst., wie zu lib. II. loc. I. Fall 1., wenn man H', X', L' statt H, X, L setzt, also ist die Aufgabe auf lib. I. loc. VI. Fall 3. reducirt.

Construction.

Buchst., wie zu lib. II. loc. I. Fall 1., wenn man H', X', R', L' statt H, X, R, L setzt.

Beweis.

Es ist $\frac{EH'}{} : GX' = VG : GS$ (lib. I. loc. VI. Fall 3.)

also $FL' : GX' = p : q$ (wie lib. II. loc. I. Fall 1. Zus. 2.)

Zus. 1.

Für eine andere, die Linien EH, EG, FA in W', Y', Z' schneidende gerade Linie OY' ist

$EW' : GY' \gtrless VG : GS$ (lib. I. loc. VI. Fall 3. Zus. 1.)

also $FZ' : GY' \gtrless p : q$ (wie lib. II. loc. IV. Fall 3. *Zus.* 1.)

mithin bestimmen die dem Punkte I näher liegenden Punkte der Linie EG gröfsere Verhältnifse, als die entfernteren.

Zus. 2.

Errichtet man in dem zweiten Durchschnitte R des Kreises und der Linie TU ein Perpendikel auf TU, so schneidet dasselbe die Linie KC zwischen I, C, oder in I, oder zwischen K, I,

je nachdem $KI \left\{ \begin{matrix} < \\ = \\ > \end{matrix} \right\} KX$,

oder, da $KX.XS = EK.GS$

folglich $\alpha X = \sqrt{\tfrac{1}{4}KS^2 - EK.GS}$, wenn $K\alpha = \alpha S$

je nachdem $KI \left\{ \begin{matrix} < \\ = \\ > \end{matrix} \right\} \tfrac{1}{2}KS + \sqrt{\tfrac{1}{4}KS^2 + EK.GS}$

also $p : q \left\{ \begin{matrix} < \\ = \\ > \end{matrix} \right\} FI : IG$ (wie Fall 1. 2.)

Auch ist $EH : GX = VG : GS$ (lib. I. loc. VI. Fall 3. Zus. 2.)

also $FL : GX = p : q$ (wie lib. II. loc. I. Fall 1. Bew.)

mithin ist eine Linie OX gefunden, welche von den Linien FI, GC, oder FB, GI Segmente in dem gegebenen Verhältnifse abschneidet, welches Fall 1., oder Fall 2. ist.

Fall 5.

Die Segmente sollen liegen auf den Linien FZ, GD. (Fig. 88. 89.)

Analysis.

Buchst., wie zu lib. II. loc. I. Fall 1., also ist die Aufgabe auf lib. I. loc. VI. Fall 4. reducirt.

Construction.

Buchst., wie zu lib. II. loc. I. Fall 1.

Determination.

Vermöge lib. I. loc. VI. Fall 4. Det. mufs seyn

$$GS \geqq GE+EK+2\sqrt{GE.EK}$$

$$\text{also } VN : \left\{\begin{array}{c} GS \\ NM \end{array}\right\} \left.\begin{array}{c} \\ \\ p:q \end{array}\right\} \leqq \left\{\begin{array}{c} VN \\ FI-OK \end{array}\right\} : GE+EK+2\sqrt{GE.EK}$$

Beweis.

$$\text{Es ist } \left.\begin{array}{r} p:q \\ VN:GS \end{array}\right\} \leqq \left\{\begin{array}{c} FI-OK \\ VN \end{array}\right\} : GE+EK+2\sqrt{GE.EK}$$

$$\text{folglich } GS \geqq GE+EK+2\sqrt{GE.EK}$$

mithin berührt (Fig. 88.), oder schneidet (Fig. 89.) der Kreis die Linie TU.

Ferner ist $EH : GX = OK : GS$ (lib. I. loc. VI. Fall 4.)

also $FL : GX = p:q$ (wie lib. II. loc. I. Fall 1. Bew.)

Zus. 1.

Für eine andere, in Fig. 88. die Linien ES, EH, FI in Y, W, Z schneidende gerade Linie OY ist

$EW : GY < VG : GS$ (lib. I. loc. VI. Fall 4. Zus. 1.)

also $FZ : GY < p : q$ (wie lib. II. loc. I. Fall 1. Zus. 1.) mithin bestimmt der Punkt X, für welchen $EX = \sqrt{GE \cdot EK}$, ein gröfseres Verhältnifs, als jeder andere Punkt der Linie ES.

Für eine, die Linien ES, EH, FI in γ, β, δ schneidende gerade Linie $O\gamma$ ist, wenn $\gamma X > XY$, (verm. desselben Zusatzes)

$E\beta : G\gamma < EW : GY$

also $F\delta : G\gamma < FZ : GY$ (wie lib. II. loc. III. Fall 4. Zus. 1.) mithin bestimmen die dem Punkte X näher liegenden Punkte gröfsere Verhältnifse, als die entfernteren.

Zus. 2.

Errichtet man in Fig. 89. in dem zweiten Durchschnitte R′ des Kreises und der Linie TU ein Perpendikel auf TU, so schneidet dasselbe die Linie ES in einem Punkte X′, so, dafs, wenn die, die Linien EH, FI in H′, L′ schneidende gerade Linie OX′ gezogen wird,

$EH' : GX' = VG : GS$ (lib. I. loc. VI. Fall 4. Zus. 2.)

also $FL' : GX' = p : q$ (wie lib. II. loc. I. Fall 1. Zus. 2.)

Es ist mithin eine zweite Linie gefunden, welche von den gegebenen Linien Segmente in dem gegebenen Verhaltnifse abschneidet.

γ.) auf der Verlängerung von KE. (Fig. 90 — 92.) (Loc. XIII.)

Fall 1.

Die Segmente sollen liegen auf den Linien FI, GD. (Fig. 90.)

Analysis.

Buchst., wie zu lib. II. loc. I. Fall 1., also ist die Aufgabe auf lib. I. loc. IV. Fall 1. reducirt.

Construction.

Buchst., wie zu lib. II. loc. I. Fall 1.

Beweis.

Es ist EH : GX=VG : GS (lib. I. loc. IV. Fall 1.)

also FL : GX=p : q (wie lib. II. loc. I. Fall 1. Bew.)

Zus. 1.

Für eine andere, die Linien GS, EH, FI in Y, W, Z schneidende gerade Linie OY ist

EW : GY $\gtrless$ VG : GS (lib. I. loc. IV. Fall 1. Zus. 1.)

also FZ : GY $\gtrless$ p : q (wie lib. II. loc. I. Fall 1. Zus. 1.)

mithin bestimmen die dem Punkte I näher liegenden Punkte der Linie GS gröſsere Verhältniſse, als die entfernteren.

Zus. 2.

Errichtet man in dem zweiten Durchschnitte R′ der Linie TU und des Kreises ein Perpendikel auf TU, so schneidet dasselbe (verm. lib. I. loc. IV. Fall 1. Zus. 2.) die Linie EK in einem Punkte X′ so, daſs, wenn die, die Linien EH, FA in H′, L′ schneidende gerade Linie OX′ gezogen wird,

EH′ : GX′=VG : GS

also FL′ : GX′=p : q (wie lib. II. loc. I. Fall 1. Zus. 2.) mithin ist eine Linie OX′ gefunden, welche von den Linien FA, GC Segmente in dem gegebenen Verhältnifse abschneidet, welches Fall 3. ist.

Fall 2.

Die Segmente sollen liegen auf den Linien FI, GE. (Fig. 91.)

Analysis.

Buchst., wie zu lib. II. loc. I. Fall 1., also ist die Aufgabe auf lib. I. loc. IV. Fall 2. reducirt.

Construction.

Buchst., wie zu lib. II. loc. I. Fall 1.

Beweis.

Es ist EH : GX=VG : GS (lib. I. loc. IV. Fall 2.)

also FL : GX=p : q (wie lib. II. loc. I. Fall 1. Bew.)

Zus. 1.

Für eine andere, die Linien GS, EH, FI in Y, W, Z schneidende gerade Linie OY ist

EW : GY $\gtrless$ VG : GS (lib. I. loc. IV. Fall 2. Zus. 1.)

also FZ : GY $\gtrless$ p : q (wie lib. II. loc. I. Fall 1. Bew.)

mithin bestimmen die dem Punkte I näher liegenden Punkte der Linie EG kleinere Verhältnifse, als die entfernteren.

Zus. 2.

Errichtet man in dem zweiten Durchschnitte R′ des Kreises und der Linie TU ein Perpendikel auf

TU, so fällt der Durchschnitt X' desselben mit der Linie KC zwischen K, I, oder auf I, oder zwischen I, C, je nachdem $KI \begin{Bmatrix} > \\ = \\ < \end{Bmatrix} KX'$

oder, je nachdem $p : q \begin{Bmatrix} > \\ = \\ < \end{Bmatrix} FI : IG$, wie aus Fall 4. und Fall 5. erhellet. Und es ist, wenn die, die Linien EH, IB in H', L' schneidende gerade Linie OX' gezogen wird, EH' : GX' = VG : GS (lib. I. loc. IV. Fall 2. Zus. 2.)

also FL' : GX' = p : q (wie lib. II. loc. I. Fall 1. Zus. 2.) mithin ist eine Linie OX' gefunden, welche von den Linien FB, GI, oder FI, GC Segmente in dem gegebenen Verhältnifse abschneidet, welches Fall 4., oder Fall 5. ist.

Fall 3.

Die Segmente sollen liegen auf den Linien FA, GI. (Fig. 90.)

Analysis.

Buchst., wie zu lib. II. loc. I. Fall 1., wenn man daselbst L', X', H' statt L, X, H setzt, also ist die Aufgabe auf lib. I. loc. IV. Fall 3. reducirt.

Construction.

Buchst., wie zu lib. II. loc. I. Fall 1., wenn man daselbst R', X', H', L' statt R, X, H, L setzt.

Beweis.

Es ist EH' : GX' = OK : GS (lib. I. loc. IV. Fall 3.)

also FL' : GX' = p : q (wie lib. II. loc. I. Fall 1. Zus. 2.)

Zus. 1.

Für eine andere, die Linien EH, KE, FA in Y' W', Z' schneidende gerade Linie OY' ist

$EW' : GY' \gtrless VG : GS$ (lib. I. loc. IV. Fall 3.)

---

also $FZ' : GY' \gtrless p : q$ (wie lib. II. loc. I. Fall 1. Zus. 1.)
mithin bestimmen die dem Punkte I näher liegenden Punkte der Linie KE gröſsere Verhältniſse, als die entfernteren.

Zus. 2.

Errichtet man in dem zweiten Durchschnitte R des Kreises und der Linie TU ein Perpendikel auf TU, so schneidet dasselbe die Linie GD in dem Punkte X so, daſs, wenn die, die Linien EH, FI in H, L schneidende gerade Linie OX gezogen wird,

$EH : GX = VG : GS$ (lib. I. loc. IV. Fall 3. Zus. 2.)

---

also $FL : GX = p : q$ (wie lib. II. loc. I. Fall 1. Bew.)
mithin ist eine Linie OX gefunden, welche von den Linien FI, GD Segmente in dem gegebenen Verhältniſse abschneidet, welches Fall 1. ist.

Fall 4.

Die Segmente sollen liegen auf den Linien FB, GI. (Fig. 91.)

Analysis.

Buchst., wie zu Fall 3., also ist die Aufgabe auf lib. I. loc. IV. Fall 3. reducirt.

Construction.

Buchstäblich, wie zu Fall 3.

Determination.

Damit X' auf KI liege, muſs $KI \overset{=}{>} KX'$ seyn.

$$\text{Nun ist } \left.\begin{matrix} KX'.X'S \\ \alpha X'^2 - \left\{\begin{matrix} \alpha K^2 \\ \frac{1}{4}KS^2 \end{matrix}\right\} \end{matrix}\right\} = EK.GS \qquad \text{wenn } K\alpha = \alpha S$$

$$\text{also } \alpha X' = \sqrt{\tfrac{1}{4}KS^2 + EK.GS}$$

$$\text{folglich muſs seyn } KI \overset{=}{>} \sqrt{\tfrac{1}{4}KS^2 + EK.GS} - \tfrac{1}{2}KS$$

$$\text{mithin } KI^2 + IK.KS + \tfrac{1}{4}KS^2 \overset{=}{>} \tfrac{1}{4}KS^2 + EK.GS$$

$$\text{somit } KI^2 \overset{=}{>} \left\{\begin{matrix} EK.GS - IK.KS \\ EK.GS - IK.KG + IK.GS \\ IE.GS - IK.KG \end{matrix}\right.$$

$$\text{demnach } \left.\begin{matrix} KI(IK+KG) \\ KI.IG \end{matrix}\right\} \overset{=}{>} IE.GS$$

$$\text{also } \left.\begin{matrix} KI : IE \\ OF : FE \\ VN : NG \end{matrix}\right\} \overset{=}{>} \left\{\begin{matrix} SG \\ MN \end{matrix}\right\} : GI$$

$$\text{folglich } \left.\begin{matrix} VN : NM \\ p : q \end{matrix}\right\} \overset{=}{>} \left\{\begin{matrix} NG : GI \\ FI : IG \end{matrix}\right.$$

Beweis.

Es ist $p : q \overset{=}{>} FI : IG$ (Det.)

also $KI \overset{=}{>} KX'$, wie leicht aus der Determination hervorgehet.

Auch ist EH′ : GX′ = VG : GS (lib. I. loc. IV. Fall 4.)

also FL′ : GX′ = p : q (wie lib. II. loc. I. Fall 1. Zus. 2)

Zus. 1.

Für eine andere, die Linien KI, IB, EH in Y′, Z′, W′ schneidende gerade Linie OY′ ist

EW′ : GY′ $\gtrless$ VG : GS (lib. I. loc. IV. Fall 4. Zus. 1.)

also FZ′ : GY′ $\gtrless$ p : q (wie lib. II. loc. IV. Fall 3. Zus. 1.)

mithin bestimmen die dem Punkte I näher liegenden Punkte der Linie KI gröſsere Verhältniſse, als die entfernteren.

Zus. 2.

Errichtet man in dem zweiten Durchschnitte R des Kreises und der Linie TU ein Perpendikel auf TU, so schneidet dasselbe (verm. lib. I. loc. IV. Fall 4. Zus. 2.) die Linie GE in dem Punkte X so, daſs, wenn die, die Linien EH, FI in H, L schneidende gerade Linie OX gezogen wird,

EH : GX = VG : GS

also FL : GX = p : q (wie lib. II. loc. I. Fall 1. Bew.)
mithin ist eine Linie OX gefunden, welche von den Linien FI, GE Segmente in dem gegebenen Verhältniſse abschneidet, welches Fall 2. ist.

Fall 5.

Die Segmente sollen liegen auf den Linien FI, GC. (Fig. 92.)

Analysis.

Buchst., wie zu lib. II. loc. I. Fall 1., also ist die Aufgabe auf lib. I. loc. IV. Fall 4. reducirt.

Construction.

Buchst., wie zu lib. II. loc. I. Fall 1.

Determination.

Damit der Punkt X auf IC liege, mufs $KI \overset{=}{<} KX$ seyn.

$$\text{Nun ist } \left.\begin{array}{r} KX.XS \\ \alpha X^2 - \left\{\begin{array}{l} \alpha K^2 \\ \frac{1}{4}KS^2 \end{array}\right\} \end{array}\right\} = EK.GS$$

$$\text{also } \alpha X = \sqrt{\tfrac{1}{4}KS^2 + EK.GS}$$

$$\text{folglich mufs seyn } KI \overset{=}{<} \sqrt{\tfrac{1}{4}KS^2 + EK.GS} - \tfrac{1}{2}KS$$

$$\text{mithin } KI^2 + IK.KS + \tfrac{1}{4}KS^2 \overset{=}{<} \tfrac{1}{4}KS^2 + EK.GS$$

$$\text{somit } KI^2 \overset{=}{<} \left\{\begin{array}{l} EK.GS - \left\{\begin{array}{l} IK.KS \\ IK(KG-GS) \end{array}\right. \\ IE.GS - IK.KG \end{array}\right.$$

$$\text{demnach } \left.\begin{array}{r} KI(IK+KG) \\ KI.IG \end{array}\right\} \overset{=}{<} IE.GS$$

$$\text{also } \left.\begin{array}{r} KI : IE \\ OF : FE \\ VN : NG \end{array}\right\} \overset{=}{<} \left\{\begin{array}{l} SG \\ MN \end{array}\right\} : GI$$

$$\text{folglich } \left.\begin{array}{r} VN : NM \\ p : q \end{array}\right\} \overset{=}{<} \left\{\begin{array}{l} NG : GI \\ FI : IG \end{array}\right.$$

Beweis.

Es ist $p : q \overline{\gtrless} FI : IG$

---

also $KI \overline{\gtrless} KX$, wie leicht aus der Determination erhellet.

Auch ist $EH : GX = OK : GS$ (lib. I. loc. IV. Fall 4.)

---

folglich $FL : GX = p : q$ (wie lib. II. loc. I. Fall 1. Bew.)

Zus. 1.

Für eine andere, die Linien IC, IF, EH in Y, Z, W schneidende gerade Linie OY ist

$EW : GY \gtrless VG : GS$ (lib. I. loc. IV. Fall 4. Zus. 1.)

---

also $FZ : GY \gtrless p : q$ (wie lib. II. loc. I. Fall 1. Zus. 1.)

mithin bestimmen die dem Punkte I näher liegenden Punkte der Linie IC kleinere Verhältnisse, als die entfernteren.

Zus. 2.

Buchst., wie Fall 4. Zus. 2., wenn man R′, X′, H′, L′ statt R, X, H, L setzt.

c.) auf der Linie KI. (Fig. 93—98.) (Loc. XIV.)

Fall 1.

Die Segmente sollen liegen auf den Linien FI, GC. (Fig. 93.)

Analysis.

Buchst., wie zu lib. II. loc. I. Fall 1., also ist die Aufgabe auf lib. I. loc. VII. Fall 1. reducirt.

Construction.

Buchst., wie zu lib. II. loc. I. Fall 1.

Determination.

Damit der Punkt X auf IC liege, mufs $KI \overset{=}{<} KX$ seyn.

Nun ist $KX.XS \atop \alpha X^2 - \left\{ \alpha K^2 \atop \frac{1}{4}KS^2 \right\}$ $= EK.GS$ wenn $K\alpha = \alpha S$

also $\alpha X = \sqrt{\frac{1}{4}KS^2 + EK.GS}$

folglich mufs seyn $KI \overset{=}{<} \frac{1}{2}KS + \sqrt{\frac{1}{4}KS^2 + EK.GS}$

mithin $KI^2 - IK.KS + \frac{1}{4}KS^2 \overset{=}{<} \frac{1}{4}KS^2 + EK.GS$

somit $KI^2 \overset{=}{<} \left\{ EK.GS + \left\{ IK.KS \atop IK.(KG+GS) \right\} \atop EI.GS + IK.KG \right.$

demnach $\left. KI(IK-KG) \atop KI.IG \right\} \overset{=}{<} EI.GS$

also $\left. \begin{matrix} KI : IE \\ OF : FE \\ VN : NG \end{matrix} \right\} \overset{=}{<} \left\{ SG \atop MN \right\} : GI$

folglich $\left. VN : NM \atop p : q \right\} \overset{=}{<} \left\{ NG : GI \atop FI : IG \right.$

Beweis.

Es ist $p : q \overset{=}{<} FI : IG$ (Det.)

also $KI \overset{=}{<} KX$, wie leicht aus der Determination hervorgehet.

Auch ist EH : GX=OK : GS (lib. I. loc. VII. Fall 1.)

also FL : GX=p:q (wie lib. II. loc. I. Fall 1. Bew.)

Zus. 1.

Für eine andere, die Linien CI, IF, EH in Y, Z, W schneidende gerade Linie OY ist

EW : GY $\gtrless$ VG : GS (lib. I. loc. VII. Fall 1. Zus. 1.)

also FZ : GY $\gtrless$ p : q (wie lib. II. loc. I. Fall 1. Zus. 1.)

mithin bestimmen die dem Punkte I näher liegenden Punkte der Linie IC gröfsere Verhältnifse, als die entfernteren.

Zus. 2.

Errichtet man in dem zweiten Durchschnitte R' des Kreises und der Linie TU ein Perpendikel auf TU, so schneidet dasselbe die Linie KE in X' so, dafs, wenn die, die Linien EH, FA in H', L' schneidende gerade Linie OX' gezogen wird,

EH' : GX'=VG : GS (lib. I. loc. VII. Fall 1. Zus. 2.)

also FL' : GX'=p : q (wie lib. II. loc. I. Fall 1. Zus. 2.)

mithin ist eine Linie OX' gefunden, welche von den Linien FA, GD Segmente in dem gegebenen Verhältnifse abschneidet, welches Fall 4. ist.

Fall 2.

Die Segmente sollen liegen auf den Linien FB, GI. (Fig. 94.)

Analysis. Construction.

Buchst., wie zu Fall 1.

Determination.

Damit der Punkt X auf Gi liege, mufs $KI \overset{=}{\underset{>}{}} KX$ seyn.

Nun ist $KX.XS = EK.GS$

also $K\alpha = \sqrt{\frac{1}{4}KS^2 + EK.GS}$

wenn $K\alpha = \alpha S$

folglich mufs seyn $KI \overset{=}{\underset{>}{}} \frac{1}{2}KS + \sqrt{\frac{1}{4}KS^2 + EK.GS}$

also $p : q \overset{=}{\underset{>}{}} FI : IG$, wie leicht erhellet.

Beweis.

Es ist $p : q \overset{=}{\underset{>}{}} FI : IG$ (Det.)

also $KI \overset{=}{\underset{>}{}} KX$, wie aus der Determination leicht hervorgehet.

Auch ist $EH : GX = VG : GS$ (lib. I. loc. VII. Fall 1.)

also $FL : GX = p : q$ (wie lib. II. loc. I. Fall 1. Bew.)

Zus. 1.

Für eine andere, die Linien GI, IB, EH in Y, Z, W schneidende gerade Linie OY ist

$EW : GY \gtrless VG : GS$ (lib. I. loc. VII. Fall 1. Zus. 1.)

also $FZ : GY \gtrless p : q$ (wie lib. II. loc. I. Fall 1. Zus. 1.)

mithin bestimmen die dem Punkte I näher liegenden Punkte der Linie IG kleinere Verhältnifse, als die entfernteren.

Zus. 2.

Buchst., wie Fall 1. Zus. 2.

Fall 3.

Die Segmente sollen liegen auf den Linien FB, GK. (Fig. 95. 96.)

Analysis.

Buchst., wie zu lib. II. loc. I. Fall 1., also ist die Aufgabe auf lib. I. loc. VII. Fall 2. reducirt.

Construction.

Buchst., wie zu lib. II. loc. I. Fall 1.

Determination.

Vermöge lib. I. loc. VII. Fall 2. Det. mufs seyn

$$GS \begin{array}{c} = \\ < \end{array} GE+EK-2\sqrt{GE.EK}$$

$$\text{also}\ \left.\begin{array}{l} VN : \left\{\begin{array}{l} GS \\ NM \end{array}\right\} \\ p : q \end{array}\right\} \begin{array}{c} = \\ > \end{array} \left\{\begin{array}{c} VN \\ FI-OK \end{array}\right\} : GE+EK-2\sqrt{GE.EK}$$

Beweis.

$$\text{Es ist}\ \left.\begin{array}{r} p : q \\ VN : GS \end{array}\right\} \begin{array}{c} = \\ > \end{array} \left\{\begin{array}{c} FI-OK \\ VN \end{array}\right\} : GE+EK-2\sqrt{GE.EK}$$

$$\text{also}\ GS \begin{array}{c} = \\ < \end{array} GE+EK-2\sqrt{GE.EK}$$

mithin berührt (Fig. 95.), oder schneidet (Fig. 96.) der Kreis die Linie TU.

Ferner ist $EH : GX = OK : GS$ (lib. I. loc. VII. Fall 2.)

also $FL : GX = p : q$ (wie lib. II. loc. I. Fall 1. Bew.)

Zus. 1.

Für eine andere, in Fig. 95. die Linien KS, IB, EH in Y, Z, W schneidende gerade Linie OY ist

EW : GY $<$ VG : GS (lib. I. loc. VII. Fall 2. Zus. 1.)

also FZ : GY $<$ p : q (wie lib. II. loc. III. Fall 4. Zus. 1.) mithin bestimmt der Halbirungspunkt α der Linie KS, für welchen $E\alpha = \sqrt{KE.EG}$, ein gröſseres Verhältniſs, als jeder andere Punkt derselben.

Auch ist, wenn $\gamma\alpha > \alpha Y$, und die, die Linien IB, EH in δ, β schneidende gerade Linie $O\gamma$ gezogen wird, $E\beta : G\gamma > EW : GY$ (lib. I. loc. VII. Fall 2. Zus. 1.)

also $F\delta : G\gamma > FZ : GY$ (wie lib. II. loc. III. Fall 4. Zus. 1.) mithin bestimmen die dem Punkte α näher liegenden Punkte der Linie KS gröſsere Verhältniſse, als die entfernteren.

Zus. 2.

Errichtet man in Fig. 96. in dem zweiten Durchschnitte R' des Kreises und der Linie TU ein Perpendikel auf TU, welches die Linie KS in X' schneide, so ist, wenn die, die Linien IB, EH in L', H' schneidende gerade Linie OX' gezogen wird,

EH' : GX' = VG : GS (lib. I. loc. VII. Fall 2. Zus. 2.)

also FL' : GX' = p : q (wie lib. II. loc. I. Fall 1. Zus. 2.) mithin ist eine zweite Linie mit der gegebenen Eigenschaft gefunden.

Fall 4.

Die Segmente sollen liegen auf den Linien FA, GE. (Fig. 93.)

Analysis.

Buchst., wie zu lib. II. loc. I. Fall 1., wenn man L', H', X' statt L, H, X setzt, also ist die Aufgabe auf lib. I. loc. VII. Fall 3. reducirt.

Construction.

Buchst., wie zu lib. II. loc. I. Fall 1., wenn man R′, L′, H′, X′ statt R, L, H, X setzt.

Beweis.

Es ist EH′ : GX′ = VG : GS (lib. I. loc. VII. Fall 3.)

also FL′ : GX′ = p : q (wie lib. II. loc. I. Fall 1. Zus. 2)

Zus. 1.

Für eine andere, die Linien EK, EH, FA in Y′, W′, Z′ schneidende gerade Linie OY′ ist

EW′ : GY′ $\gtrless$ VG : GS (lib. I. loc. VII. Fall 3. Zus. 1.)

also FZ′ : GY′ $\gtrless$ p : q (wie lib. II. loc. I. Fall 1. *Zus.* 1.)

mithin bestimmen die dem Punkte I näher liegenden Punkte der Linie KE gröfsere Verhältnifse, als die entfernteren.

Zus. 2.

Errichtet man in dem zweiten Durchschnitte R′ der Linie TU und des Kreises ein Perpendikel auf TU, so schneidet dasselbe die Linie SC in einem Punkte X zwischen C, I, oder in I, oder zwischen S, I,

je nachdem $KI \left\{ \begin{matrix} < \\ = \\ > \end{matrix} \right\} KX$

dafs heifst, je nachdem $p:q \left\{ \begin{matrix} < \\ = \\ > \end{matrix} \right\} FI:IG$, wie aus Fall 1. und Fall 2. erhellet. Es ist auch, wenn die, die Linien AB, EH in L, H schneidende gerade Linie OX gezogen wird,

EH : GX = VG : GS (lib. I. loc. VII. Fall 3. Zus. 2.)

also FL : GX = p : q (wie lib. II. loc. I. Fall 1. Bew.)

mithin ist eine Linie OX gefunden, welche von den Linien FI, GC, oder FB, GI Segmente in dem gegebenen Verhältnifse abschneidet, welches Fall 1., oder Fall 2. ist.

Fall 5.

Die Segmente sollen liegen auf den Linien FI, GD. (Fig. 97. 98.)

Analysis.

Buchst., wie zu lib. II. loc. I. Fall 1., also ist die Aufgabe auf lib. I. loc. VII. Fall 4. reducirt.

Construction.

Buchst., wie zu lib. II. loc. I. Fall 1.

Determination.

Vermöge lib. I. loc. VII. Fall 4. Det. mufs seyn

$$GS \overset{=}{>} GE+EK+2\sqrt{GE.EK}$$

$$\text{also } \begin{matrix} VN : \left\{\begin{matrix} GS \\ NM \end{matrix}\right\} \\ p : q \end{matrix} \left.\begin{matrix} \\ \\ \end{matrix}\right\} \overset{=}{<} \left\{\begin{matrix} VN \\ FI-OK \end{matrix}\right\} : GE+EK+2\sqrt{GE.EK}$$

Beweis.

$$\text{Es ist } \left.\begin{matrix} p : q \\ VN : GS \end{matrix}\right\} \overset{=}{<} \left\{\begin{matrix} FI-OK \\ VN \end{matrix}\right\} : GE+EK+2\sqrt{GE.EK}$$

$$\text{folglich } GS \overset{=}{>} GE+EK+2\sqrt{GE.EK}$$

mithin berührt (Fig. 97.), oder schneidet (Fig. 98.) der Kreis die Linie TU.

Auch ist EH : GX = OK : GS (lib. I. loc. VII. Fall 4.)

also FL : GX = p : q (wie lib. II. loc. I. Fall 1. Bew.)

Zus. 1.

Für eine andere, in Fig. 97. die Linien ES, FI, EH in Y, W, Z schneidende gerade Linie OY ist

EW : GY < VG : GS (lib. I. loc. VII. Fall 4. Zus. 1.)

also FZ : GY < p : q (wie lib. II. loc. III Fall 4. Zus. 1.) mithin bestimmt der Halbirungspunkt α von KS, für welchen $E\alpha = \sqrt{GE.EK}$, ein gröſseres Verhältniſs, als jeder andere Punkt der Linie ES.

Auch bestimmen die dem Punkte α näher liegenden Punkte gröſsere Verhältniſse, als die entfernteren, wie Fall 3. Zus. 1.

Zus. 2.

Der zweite Durchschnitt R′ der Linie TU und des Kreises bestimmt, wie Fall 3. Zus. 2., eine zweite Linie OX′ mit der gegebenen Eigenschaft.

3.) auf Ia. (Fig. 99—104.) Der Punkt G liege

A.) auf der Linie IC.

Ist erlediget durch lib. II. loc. IV. V. VI.

B.) auf der Linie ID.

a.) in K.

Ist erlediget durch lib. II. loc. IX.

b.) auf der Verlängerung von IK.

Ist erlediget durch lib. II. loc. XIV.

c.) auf der Linie IK. (Fig. 99—104.) (Loc. X.)

Fall 1.

Die Segmente sollen liegen auf den Linien FA, GD. (Fig. 99.)

Analysis.

Buchst., wie zu. lib. II. loc. I. Fall 1., also ist die Aufgabe auf lib. I. loc. VI. Fall 1. reducirt.

Construction.

Buchst., wie zu lib. II. loc. I. Fall 1.

Beweis.

Es ist EH : GX = OK : GS (lib. I. loc. VI. Fall 1.)

also FL : GX = p : q (wie lib. II. loc. I. Fall 1. Bew.)

Zus. 1.

Für eine andere, die Linien KD, FA, EH in Y, *Z*, W schneidende gerade Linie OY ist

EW : GY $\gtrless$ VG : GS (lib. I. loc. VI. Fall 1. Zus. 1.)

also FZ : GY $\gtrless$ p : q (wie lib. II. loc. I. Fall 1. Zus. 1.)

mithin bestimmen die dem Punkte I näher liegenden Punkte der Linie KD gröſsere Verhältniſse, als die entfernteren.

Zus. 2.

Errichtet man in dem zweiten Durchschnitte R′ des Kreises und der Linie TU ein Perpendikel auf TU, so schneidet dasselbe die Linie EI (vermöge lib. I. loc. VI. Fall 1. Zus. 1.) zwischen G, I, oder in I, oder zwischen I, E, je nachdem KI $\left\{\begin{matrix} > \\ = \\ < \end{matrix}\right\}$ KX daſs heiſst, je nachdem $p:q \left\{\begin{matrix}>\\=\\<\end{matrix}\right\} FI:IG$, wie aus Fall 3. und Fall 4. erhellet. Auch ist, wenn die, die Linien AB, EH in L', H' schneidende gerade Linie OX' gezogen wird, EH' : GX' = VG:GS (lib. I. loc. VI. Fall 1. Zus. 1.)

also FL' : GX' = p:q (wie lib. II. loc. I. Fall 1. Zus. 2) mithin ist eine Linie OX' gefunden, welche von den Linien FB, GI, oder FI, GC Segmente in dem gegebenen Verhältniſse abschneidet, welches Fall 3., oder Fall 4. ist.

Fall 2.

Die Segmente sollen liegen auf den Linien FB, GK. (Fig. 100. 101.)

Analysis.

Buchst., wie zu lib. II. loc. I. Fall 1., also ist die Aufgabe auf lib. I. loc. VI. Fall 2. reducirt.

Construction.

Buchst., wie zu lib. II. loc. I. Fall 1.

Determination.

Vermöge lib. I. loc. VI. Fall 2. Det. muſs seyn

$$GS \overset{=}{<} GE+EK-2\sqrt{GE.EK}$$

$$\text{also } VN : \left\{\begin{matrix}GS\\NM\end{matrix}\right\} \left\{\begin{matrix}=\\>\end{matrix}\right\} \left\{\begin{matrix}VN\\OK-FI\end{matrix}\right\} : GE+EK-2\sqrt{GE.EK}$$
$$p:q$$

Beweis.

$$\text{Es ist } \left\{\begin{matrix}p:q\\VN:GS\end{matrix}\right\} \left\{\begin{matrix}=\\>\end{matrix}\right\} \left\{\begin{matrix}OK-FI\\VN\end{matrix}\right\} : GE+EK-2\sqrt{GE.EK}$$

also $GS \leqq GE+EK-2\sqrt{GE.EK}$

mithin berührt (Fig. 100.), oder schneidet (Fig. 101.) der Kreis die Linie TU.

Ferner ist $EH : GX = OK : GS$ (lib. I. loc. VI. Fall 1)

also $FL : GX = p : q$ (wie lib. II. loc. I. Fall 1.)

Zus. 1.

Für eine andere, in Fig. 100. die Linien GK, IB, EH in Y, Z, W schneidende gerade Linie OY ist

$EW : GY > VG : GS$ (lib. I. loc. VI. Fall 2. Zus. 1.)

also $FZ : GY > p:q$ (wie lib. II. loc. IV. Fall 2. Zus. 1.)

mithin bestimmt der Halbirungspunkt α von KS, für welchen $E\alpha = \sqrt{GE.EK}$, kleinere Verhältnifse, als jeder andere Punkt der Linie KG.

Auch ist, wenn $\gamma\alpha > \alpha Y$, und die, die Linien IB, EH in δ, β schneidende gerade Linie $O\gamma$ gezogen wird, $E\beta : G\gamma > EW : GY$ (lib. I. loc. VI. Fall 2. Zus. 1.)

also $F\delta : G\gamma > FZ : GY$ (wie lib. II. loc. IV. Fall 2 Zus. 1.)

mithin bestimmen die dem Punkte α näher liegenden Punkte der Linie GK kleinere Verhältnifse, als die entfernteren.

Zus. 2.

Der zweite Durchschnitt R′ (Fig. 101.) des Kreises und der Linie TU bestimmt (verm. lib. I. loc. VI. Fall 2. Zus. 2.) eine zweite Linie OX′ mit der gegebenen Eigenschaft.

Fall 3.

Die Segmente sollen liegen auf den Linien FB, GI. (Fig. 99.)

Analysis.

Buchst., wie zu lib. II. loc. I. Fall 1., wenn man H', X', L' statt H, X, L setzt, also ist die Aufgabe auf lib. I. loc. VI. Fall 3. reducirt.

Construction.

Buchst., wie zu lib. II. loc. I. Fall 1., wenn man R', X', H', L' statt R, X, H, L setzt.

Determination.

Damit der Punkt X' auf GI falle, mufs $KI \overset{=}{>} KX'$ seyn.

$$\left.\begin{array}{l} \text{Nun ist } KX'.X'S \\ \alpha X'^2 - \left\{\begin{array}{l}\alpha K^2\\ \frac{1}{4}KS^2\end{array}\right\}\end{array}\right\} = EK.GS \qquad \text{wenn } K\alpha = \alpha S$$

$$\text{somit } \alpha X' = \sqrt{\tfrac{1}{4}KS^2 + EK.GS}$$

$$\text{mithin mufs seyn } KI \overset{=}{>} \sqrt{\tfrac{1}{4}KS^2 + EK.GS} - \tfrac{1}{2}KS$$

$$\text{also } KI^2 + IK.KS + \tfrac{1}{4}KS^2 \overset{=}{>} \tfrac{1}{4}KS^2 + EK.GS$$

$$\text{folglich } KI^2 \overset{=}{>} \left\{\begin{array}{l} EK.GS - \left\{\begin{array}{l} IK.KS \\ IK(SG-GK) \end{array}\right. \\ EI.\,GS + IK.KG \end{array}\right.$$

$$\text{mithin } \left.\begin{array}{l} KI(IK-KG) \\ KI.IG \end{array}\right\} \overset{=}{>} IE.GS$$

$$\text{somit } \left.\begin{array}{l} KI : IE \\ OF : FE \\ VN : NG \end{array}\right\} \overset{=}{>} \left\{\begin{array}{l} SG \\ MN \end{array}\right\} : GI$$

demnach $\left.\begin{matrix}VN : NM\\ p : q\end{matrix}\right\} \overset{=}{>} \left\{\begin{matrix}NG\\ FI\end{matrix}\right\} : IG$

Beweis.

Es ist $p : q \overset{=}{>} FI : IG$ (Det.)

---

also $FI \overset{=}{>} KX'$, wie aus der Determination leicht hervorgehet.

Ferner ist $EH' : GX' = VG : GS$ (lib. I. loc. VI. Fall 3.)

---

also $FL' : GX' = p : q$ (wie lib. II. loc. I. Fall 1. Zus. 2.)

Zus. 1.

Für eine andere, die Linien GI, IB, EH in Y', Z', W' schneidende gerade Linie OY' ist

$EH' : GX' \gtrless VG : GS$ (lib. I. loc. VI. Fall 3. Zus. 1.)

---

also $FL' : GX' \gtrless p : q$ (wie lib. II. loc. I. Fall 3. Zus. 1.)

mithin bestimmen die dem Punkte I näher liegenden Punkte der Linie IG kleinere Verhältnifse, als die entfernteren.

Zus. 2.

Errichtet man in dem zweiten Durchschnitte R des Kreises und der Linie TU ein Perpendikel auf TU, so schneidet dasselbe (verm. lib. I. loc. VI. Fall 3. Zus. 2.) die Linie KD in dem Punkte X so, dafs, wenn die, die Linien FA, EH in L, H schneidende gerade Linie OX gezogen wird,

$EH : GX = VG : GS$

---

also $FL : GX = p : q$ (wie lib. II. loc. I. Fall 1. Bew.)

mithin ist eine Linie OX gefunden, welche von den Linien FA, GD Segmente in dem gegebenen Verhältnifse abschneidet, welches Fall 1. ist.

Fall 4.

Die Segmente sollen liegen auf den Linien FI, GC. (Fig. 102.)

Analysis.

Buchst., wie zu lib. II. loc. I. Fall 1., also ist die Aufgabe auf lib. I. loc. VI. Fall 3. reducirt.

Construction.

Buchst., wie zu lib. II. loc. I. Fall 1.

Determination.

Damit der Punkt X auf IE falle, mufs $KI \leqq KX$ seyn.

Nun ist $KX.XS = EK.GS$

also mufs seyn $p : q \leqq FI : IG$, wie aus Fall 3. Det. leicht erhellet.

Beweis.

Es ist $p : q \leqq FI : IG$ (Det.)

also $KI \leqq KX$, wie aus der Determination leicht hervorgehet.

Ferner ist $EH : GX = OK : GS$ (lib. I. loc. VI. Fall 3.)

also $FL : GX = p : q$ (wie lib. II. loc. I. Fall 1. Bew.)

Zus. 1.

Für eine andere, die Linien EI, IA, EH in Y, Z, W schneidende gerade Linie OY ist

$EW : GY \gtrless VG : GS$ (lib. I. loc. VI. Fall 3. Zus. 1.)

also $FZ : GY \gtrless p : q$ (wie lib. II. loc. I. Fall 1. Zus. 1.)

mithin bestimmen die dem Punkte I näher liegenden Punkte der Linie IE gröfsere Verhältnifse, als die entfernteren.

Zus. 2.

Buchst., wie Fall 3. Zus. 2., wenn X', L', H', R' statt X, L, H, R gesetzt wird.

Fall 5.

Die Segmente sollen liegen auf den Linien FA, GC. (Fig. 103. 104.)

Analysis.

Buchst., wie zu lib. II. loc. I. Fall 1., also ist die Aufgabe auf lib. I. loc. VI. Fall 4. reducirt.

Construction.

Buchst., wie zu lib. II. loc. I. Fall 1.

Determination.

Vermöge lib. I. loc. VI. Fall 4. Det. mufs seyn

$$GS \stackrel{=}{>} GE + EK + 2\sqrt{GE.EK}$$

$$\text{also } \left.\begin{matrix} VN : \begin{Bmatrix} GS \\ NM \end{Bmatrix} \\ p : q \end{matrix}\right\} \stackrel{=}{<} \begin{Bmatrix} VN \\ OK - FI \end{Bmatrix} : GE + EK + 2\sqrt{GE.EK}$$

Beweis.

$$\text{Es ist } \begin{matrix} p : q \\ VN : GS \end{matrix} \stackrel{=}{<} \begin{Bmatrix} OK - FI \\ VN \end{Bmatrix} : GE + EK + 2\sqrt{GE.EK} \text{ (Det.)}$$

$$\text{also } GS \stackrel{=}{>} GE + EK + 2\sqrt{GE.EK}$$

mithin berührt (Fig. 103.), oder schneidet (Fig. 104.) der Kreis die Linie TU.

Auch ist EH : GX = OK · GS (lib. I. loc. IV. Fall 4.)

---

also FL : GX = p : q (wie lib. II. loc. I. Fall 1. Bew.)

Zus. 1.

Für eine andere, in Fig. 103. die Linien ES, EH, IA in Y, W, Z schneidende gerade Linie OY ist

EW : GY < VG : GS (lib. I. loc. VI. Fall 4. Zus. 1.)

---

also FZ : GY < p : q (wie lib. II. loc. III. Fall 4. Zus. 1.)
mithin bestimmt der Halbirungspunkt α der Linie KS, für welchen $E\alpha = \sqrt{KE.\,EG}$, ein gröſseres Verhältniſs, als jeder andere Punkt derselben.

Auch ist, wenn $\gamma\alpha > \alpha Y$, und wenn die, die Linien EH, IA in β, δ schneidende gerade Linie $O\delta$ gezogen wird,

$E\beta : G\gamma <$ EW : GY (lib. I. loc. VI. Fall 4. Zus. 1.)

---

also $F\delta : G\gamma <$ FZ : GY (wie lib. II. loc. III. Fall 4. Zus. 1.)
mithin bestimmen die dem Punkte α näher liegenden Punkte der Linie ES kleinere Verhältniſse, als die entfernteren.

Zus. 2.

Der zweite Durchschnitt R' der Linie TU und des Kreises bestimmt (vermöge lib. I. loc. VI. Fall 4. Zus. 2.) eine zweite Linie OX' mit der gegebenen Eigenschaft.

ANHANG

zu den

BÜCHERN des APOLLONIUS von PERGA

de sectione rationis.

Aufgabe I. (Fig. 105—107.)

Von einem gegebenen Punkte O, welcher sich mit zweyen, der Lage nach gegebenen, nicht durch denselben gezogenen; einander parallelen geraden Linien AB, CD in einer Ebene befindet, eine gerade Linie OX zu ziehen, so daſs die Summe der zwischen den Durchschnittspunkten X, Y mit jenen Linien und zweyen in denselben gegebenen Punkten F, G gelegenen Segmente einer gegebenen geraden Linie α gleich sey.

I. Der Punkt O liegt beiden Parallelen auf derselben Seite.

Fall 1.

Die Segmente sollen liegen auf den Linien FB, GD. (Fig. 105)

Analysis.

Es sey OX die gesuchte Linie, so ist, wenn die, die Linien GY in E schneidende gerade Linie FO gezogen wird,

$$FX : EY = FO : OE$$

$$\text{also } \left.\begin{matrix} FX+EY \\ \left.\begin{matrix} FX+GY \\ \alpha \end{matrix}\right\} - GE \end{matrix}\right\} : EY = FO+OE : OE$$

folglich ist EY, somit Y, und die Linie OY der Lage nach gegeben.

Construction.

Man ziehe OF, welche der Linie CD in E begegne, und mache HO=OF, GK=α, OY#HK, so ist die, die Linie FB in X schneidende gerade Linie OY die gesuchte.

Determination.

Damit Y auf ED falle, mufs $\left.\begin{matrix} KG \\ \alpha \end{matrix}\right\} > GE$ seyn.

Beweis.

$$\text{Es ist } \left.\begin{matrix} \alpha \\ KG \end{matrix}\right\} > GE \ \text{(Det.)}$$

also liegt Y zwischen E, K.

$$\text{Ferner ist } \left.\begin{matrix} \left.\begin{matrix} HE \\ FO+OE \end{matrix}\right\} : EO \\ FX+EY : EY \end{matrix}\right\} = \left\{\begin{matrix} KE \\ KG-GE \\ \alpha-GE \end{matrix}\right\} : EY$$

$$\text{also } FX+EY = \alpha - GE$$

$$\text{folglich } \left.\begin{matrix} FX+EY+GE \\ FX+GY \end{matrix}\right\} = \alpha$$

Zus.

Für eine andere, die Linien FB, GD in W, Z schneidende gerade Linie OZ ist

$$FW \gtrless FX, \quad GZ \gtrless GY$$

$$\text{also } FW+GZ \gtrless GY+FX$$

mithin bestimmen die dem Punkte G näher liegenden Punkte der Linie ED kleinere Summen, als die entfernteren.

Fall 2.

Die Segmente sollen liegen auf den Linien FA, GC. (Fig. 106.)

Analysis.

Es sey OX die gesuchte Linie, so ist, wenn die, die Linie CD in E schneidende gerade Linie OF gezogen wird, $FX : EY = FO : OE$

$$\text{also } \left.\begin{matrix} FX+EY \\ \underbrace{FX+GY}_{\alpha}+EG \end{matrix}\right\} : EY = FO+OE : OE$$

mithin ist EY, somit Y, und die Linie OY der Lage nach gegeben.

Construction.

Buchstäblich, wie zu Fall 1.

Determination.

Damit der Punkt Y auf GC falle, mufs $GE \overline{\gtrless} EY$ seyn.

$$\text{Nun ist } FX : EY = FO : OE$$
$$= FL : EG$$

$$\text{also } \left.\begin{matrix} FX+EY \\ \underbrace{FX+GY}_{\alpha}+EG \end{matrix}\right\} : EY = FL+EG : EG$$

folglich mufs $\alpha + EG \overline{\gtrless} FL + EG$

mithin $\alpha \overline{\gtrless} LF$ seyn.

Beweis.

Es ist $\alpha \overset{=}{>} LF$ (Det.)

also $\alpha + EG \overset{=}{>} FL + EG$

Nun ist $FX : EY = FL : EG$

folglich $FX + EY : EY = FL + EG : EG$

mithin $\left.\begin{array}{r} FX+EY : EY \\ \left.\begin{array}{r} FO+OE \\ HE \end{array}\right\} : EO \\ \left.\begin{array}{r} KE \\ \alpha+EG \end{array}\right\} : EY \end{array}\right\} \overset{=}{<} \alpha + EG : EG$

somit $EY \overset{=}{>} EG$

Ferner ist $\left.\begin{array}{r} FX+EY \\ FX+GY+EG \end{array}\right\} : EY = KE : EY$

also $FX + GY + EG = KE$

folglich $FX + GY = KG$

$= \alpha$

Zus.

Buchst., wie Fall 1. Zus., wenn GC statt ED gesetzt wird.

Fall 3.

Die Segmente sollen liegen auf den Linien FA, GD. (Fig. 107.)

Analysis.

Es sey OX die gesuchte Linie, so ist, wenn die, die Linie CD in E schneidende gerade Linie FO gezogen wird,

$$FX : EY = FO : OE$$

also $\left.\begin{array}{r} FX - EY \\ FX + GY - EG \\ \alpha \end{array}\right\} : EY = FE : EO$

mithin EY gegeben, somit die Linie OY der Lage nach bestimmt.

Construction.

Man mache $GK = \alpha$, $OY \# FK$.

Determination.

Damit Y auf GE falle, muſs $\left.\begin{array}{r} KG \\ \alpha \end{array}\right\} > GE$, und

$EY \leqq EG$ werden,

also $\alpha - EG : EG \leqq FE : EO$

folglich $\alpha : EG \leqq \left\{\begin{array}{l} FO : OE \\ FL : EG, \end{array}\right.$ wenn OGL gezogen wird,

mithin $\alpha \leqq FL$

Beweis.

Es ist $\left.\begin{array}{r} \alpha \\ GK \end{array}\right\} > EG$

also schneidet die Linie OY die Linie EC.

Ferner ist $\alpha \leqq FL$

also $\alpha : EG \leqq \left\{\begin{array}{l} FL : EG \\ FO : OE \end{array}\right.$

$$\text{folglich } \alpha - EG : GE \stackrel{=}{<} \begin{cases} FE : EO \\ KE : EY \\ \alpha - EG : EY \end{cases}$$

$$\text{mithin } GE \stackrel{=}{>} EY$$

$$\text{Nun ist } FX : EY = FO : OE$$

$$\text{also } \left.\begin{matrix} FX - EY \\ FX + GY - EG \end{matrix}\right\} : EY = \begin{cases} FE : EO \\ KE : EY \\ \alpha - EG : EY \end{cases}$$

$$\text{folglich } FX + GY - EG = \alpha - EG$$

$$\text{mithin } FX + GY = \alpha$$

Zus.

Für eine andere, die Linien FL, GE in W, Z schneidende gerade Linie OW ist

$$WX : YZ = FO : OE$$

$$\text{also } WX > YZ$$

$$\text{folglich } \left.\begin{matrix} FX \mp WX \\ FW \end{matrix}\right\} + \left\{\begin{matrix} GY \pm YZ \\ GZ \end{matrix}\right\} \left\{\begin{matrix} < \\ > \end{matrix}\right\} FX + GY$$

mithin bestimmen die dem Punkte G näher liegenden Punkte der Linie GE gröſsere Summen, als die entfernteren.

II. Der Punkt O liegt zwischen den Parallelen.

Dieser Fall läſst sich behandeln, wie der vorhergehende.

Aufgabe II.

Von einem gegebenen Punkte, welcher sich mit zweyen der Lage nach gegebenen, nicht durch denselben gezogenen geraden Linien in einer Ebene befindet, eine gerade Linie zu ziehen, so daſs der Unterschied der zwischen den Durchschnittspunkten mit jenen Linien und zweyen in denselben gegebenen Punkten gelegenen Segmente einer gegebenen geraden Linie gleich sey.

Aufgabe III. (Fig. 108. 109.)

Durch einen innerhalb eines der Lage nach gegebenen Winkels ABC gegebenen Punkt O eine gerade Linie XY zu legen, welche von den Schenkeln des gegebenen Winkels Segmente, deren Summen = einer gegebenen geraden Linie α sey, abschneide.

Analysis.

Es sey OX die gesuchte Linie, so ist

$$DY : DO = OE : EX$$

$$\text{also } DY.EX = DO.OE$$

Es ist aber

$$\left.\begin{array}{r} BX + BY \\ BE + EX + BD + DY \end{array}\right\} = \alpha$$

$$\text{also } EX + DY = \alpha - (BE + BD)$$

folglich ist EX (Dat. 86.), somit der Punkt X, und die gerade Linie OX der Lage nach gegeben.

Construction.

Man mache $OD \# BC$, $OE \# AB$, $QB = BD$, $QH = \alpha$, $HG \# AB$, beschreibe über EH einen Halbkreis, mache $BEF = R = EHK$, $FE = EB$, $KH = HG$, ziehe FK, welche den Halbkreis in L erreiche, und errichte in L ein Perpendikel LX auf FK, so ist OX die gesuchte Linie.

Determination.

Damit FK den Halbkreis erreiche, mufs

$$\left.\begin{matrix} FE.HK \\ DO.OE \end{matrix}\right\} \leqq \tfrac{1}{4} EH^2 \text{ seyn}$$

$$\text{also } 4DO.OE \leqq \left\{\begin{matrix} EH^2 \\ (HQ-QE)^2 \\ (\alpha-(DO+OE))^2 \end{matrix}\right.$$

$$\text{folglich } 2\sqrt{DO.OE} \leqq \alpha-(DO+OE)$$

$$\text{mithin } DO+OE+2\sqrt{DO.OE} \leqq \alpha$$

Beweis.

$$\text{Es ist } DO+OE+2\sqrt{DO.OE} \leqq \alpha \quad \text{(Det.)}$$

$$\text{also } 4DO.OE \leqq \left\{\begin{matrix} (\alpha-(DO+OE))^2 \\ EH^2 \end{matrix}\right.$$

$$\text{folglich } FE.HK \leqq \tfrac{1}{4} EH^2$$

mithin berührt (Fig. 108.), oder schneidet (Fig. 109.) FK den Kreis.

$$\begin{aligned} \text{Ferner ist } EX.XH &= FE.HK \\ &= DO.OE \\ &= EX.DY \end{aligned}$$

$$\text{somit } \underline{HX = DY}$$

$$\text{also } BX + BY = BH + BD$$
$$= QH$$
$$= \alpha$$

Zus. 1.

Für eine andere, in Fig. 108. die Linien EC, DA in den Punkten Z, W schneidende gerade Linie OZ ist

$$DW.EZ = DO.OE$$
$$\underline{= EX.XH}$$

$$\text{also } \underline{DW : EX = XH : EZ}$$

$$\text{folglich } DW + EZ > EX + \left\{ \begin{matrix} XH \\ DY \end{matrix} \right.$$

$$\text{mithin } \left. \begin{matrix} BD + DW + BE + EZ \\ BW + BZ \end{matrix} \right\} > \left\{ \begin{matrix} BD + DY + BE + EX \\ BY + BX \end{matrix} \right.$$

demnach bestimmt der Punkt X, für welchen $EX = \sqrt{DO.OE}$, eine kleinere Summe, als jeder andere Punkt der Linie EC.

Ferner ist für die, die Linien EC, DA in q, p schneidende gerade Linie pq, $Eq.Dp = DO.OE$

$$\underline{= DW.EZ}$$

$$\text{also } qE : EZ = WD : Dp$$
$$\text{Ist nun } \underline{qE < EZ}$$
$$\text{so ist } \underline{qE + Dp > WD + DZ}$$
$$\text{also } Bp + Dq > BW + DZ$$

mithin bestimmen die dem Punkte X näher liegenden Punkte der Linie EC kleinere Summen, als die entfernteren.

Zus. 2.

Errichtet man in Fig. 109. in dem zweiten Durchschnitte L′ ein Perpendikel L′X′ auf FK, so bestimmt dasselbe eine zweite gerade Linie OX′ mit der gegebenen Eigenschaft.

Anmerkung zu Aufgabe III. IV. V. VI.

Wenn in Aufgabe III. IV. V. VI. die Segmente nicht von der Spitze des Winkels, sondern von irgend zwey in den Schenkeln desselben gegebenen Punkten an genommen werden sollen, so erhellet leicht, wie diese Aufgaben auf die vorhergehenden sich reduciren lassen.

Aufgabe IV.

Durch einen zwischen den Schenkeln eines der Lage nach gegebenen Winkels gegebenen Punkt eine gerade Linie zu legen, welche von jenen Schenkeln Segmente, deren Unterschied gleich einer gegebenen geraden Linie Y′ sey, abschneide.

Aufgabe V. (Fig. 110.)

Durch einen zwischen den Schenkeln eines der Lage nach gegebenen Winkels ABC gegebenen Punkte O eine gerade Linie zu legen, welche von den Schenkeln des Nebenwinkels des gegebenen Winkels Segmente abschneide, deren Summe einer gegebenen geraden Linie α gleich sey.

Analysis.

Es sey OX die gesuchte Linie, so ist

$$DY : DO = OE : EX$$

$$\text{also } DY.EX = DO.OE$$

$$\text{Nun ist } \left.\begin{array}{r} BX+BY \\ EX-EB+BD-DY \end{array}\right\} = \alpha$$

$$\text{also } EX-DY = \alpha + EB - BD$$

olglich ist EX (Dat. 85.), somit X, und die gerade Linie OX der Lage nach gegeben.

Construction.

Man nehme $QB = BD$, $QH = \alpha$, $HG \# OE \# BD$, $CHK = R = CEF$, $KH = HG$, $FE = EB$, beschreibe über EH als Durchmesser einen Kreis, welcher die gerade Linie KF in L schneide, und errichte in L auf der Linie LF ein Perpendikel, welches die Linie BM in X treffe, so ist OX die gesuchte Linie.

Beweis.

$$\begin{aligned} \text{Es ist } EX.XH &= HK.EF \\ &= DO.OE \\ &= EX.DY \end{aligned}$$

$$\text{also } HX = DY$$

$$\begin{aligned} \text{folglich } BX+BY &= EX-EB+BD-HX \\ &= EH+EQ \\ &= \left\{\begin{array}{c} HQ \\ \alpha \end{array}\right\} \end{aligned}$$

Zus. 1.

Für eine andere, die Linien BM, BA in *Z*, W schneidende gerade Linie OZ ist

$$BX \gtrless BZ \quad , \quad BY \gtrless BW$$

$$\text{also } BX+BY \gtrless BZ+BW$$

mithin bestimmen die dem Punkte B näher liegenden Punkte kleinere Summen, als die entfernteren.

Zus. 2.

Errichtet man in dem zweiten Durchschnitte L′ des Kreises und der Linie LF ein Perpendikel auf LF, welches der Linie EC in X′ begegne, so ist, wenn die, die Linie BA in Y′ schneidende gerade Linie OX′ gezogen wird,

$$\begin{aligned} EX'.X'H &= HK.EF \\ &= DO.OE \\ &= EX'.DY' \end{aligned}$$

$$\text{also } HX' = DY'$$

$$\begin{aligned} \text{folglich } BY'-BX' &= BD+HX'-BE-EX' \\ &= EQ+EH \\ &= QH \\ &= \alpha \end{aligned}$$

mithin ist auch eine Linie gefunden, welche von den Schenkeln des gegebenen Winkels Segmente abschneidet, deren Unterschied der Linie α gleich ist.

Aufgabe VI.

Durch einen zwischen den Schenkeln eines der Lage nach gegebenen Winkels gegebenen Punkt eine gerade Linie zu ziehen, welche von den Schenkeln des Nebenwinkels jenes Winkels Segmente abschneide, deren Unterschied einer gegebenen geraden Linie gleich sey.

Aufgabe VII. (Fig. 111.)

Von einem außerhalb zweyer der Lage nach gegebenen Parallelen AB, CD gegebenen Punkte O eine gerade Linie OX durch dieselben zu ziehen, so daſs die Summe der Quadrate der Segmente FX, EY, welche zwischen den Durchschnittspunkten X, Y und zweyen auf den Parallelen gegebenen Punkten F, G liegen, dem Quadrate einer gegebenen geraden Linie α gleich sey.

Analysis.

OX sey die gesuchte Linie, so ist, wenn OF die Linie GY in E schneidet, $FX : EY = FO : OE$

$$\text{also } FX^2 : \left\{\begin{matrix} EY^2 \\ (GY-GE)^2 \\ GY^2-2GY.GE+GE^2 \end{matrix}\right\} = FO^2 : OE^2$$

Bestimmt man r so, daſs $r : GE = FO : OE$

$$\text{so ist } FX^2-r^2 : GY^2-2GY.GE = FO^2 : OE^2$$

folglich

$$\left\{\begin{matrix} FX^2+GY^2 \\ \alpha^2 \end{matrix}\right\} - r^2 - GY^2 : \left\{\begin{matrix} FX^2+GY^2 \\ \alpha^2 \end{matrix}\right\} - r^2 - 2GY.GE = FO^2 : FO^2+OE^2$$

Bestimmt man h so, daſs $\alpha^2-r^2 : h^2 = FO^2 : FO^2+OE^2$

$$\text{so ist } GY^2 : \left\{\begin{matrix} \left\{\begin{matrix} h^2+r^2-\alpha^2 \\ d^2 \\ 2EG.k \end{matrix}\right\} + 2GY.GE \\ 2EG(k+GY) \\ 2EG.AY \end{matrix}\right\} \begin{matrix} = FO^2 : FO^2+OE^2 \\ \text{wn. } d^2 = h^2+r^2-\alpha^2 \\ \text{wenn } 2EG : d = d : k \\ \\ \text{wenn } AG = k \end{matrix}$$

$$\text{folglich } 2EG.AY : GY^2 = FO^2+OE^2 : FO^2$$

mithin ist die Aufgabe auf Apoll. de Sect. det. lib. I. Pr. 2. Ep. 2. p. 2. reducirt. (Siehe die Bücher des Apollonius de sect. det. von Diesterweg, Bonn, 1822.)

Aufgabe VIII.

Von einem aufserhalb zweyer der Lage nach gegebenen Parallelen gegebenen Punkte eine gerade Linie durch dieselben zu ziehen, so dafs der Unterschied der Quadrate der Segmente, welche zwischen den Durchschnittspunkten und zweyen auf jenen Parallelen gegebenen Punkten liegen, dem Quadrate einer gegebenen geraden Linie gleich sey.

Aufgabe IX. (Fig. 112. 113.)

Durch einen Punkt O, welcher auf der Halbirungslinie eines der Lage nach gegebenen Winkels BAC liegt, eine gerade Linie XY zu legen, welche von den Schenkeln jenes Winkels Segmente abschneide, deren Summe der Quadrate dem Quadrate einer gegebenen geraden Linie α gleich sey.

Analysis.

Es sey XY die gesuchte Linie, sey auch OB # AC, OC # AB, so ist $\underline{YB : BO = OC : CX}$

$$\text{also } BY.CX \\ (AX-AC)(AY-AB) \Big\} = BO.OC = AC^2$$

mithin ist die Aufgabe auf die andere reducirt: die Seiten eines Rechteckes zu finden, wovon die Diagonale und derjenige Theil seines Flächenraumes gegeben ist, welcher übrig bleibt, wenn man seine Grundlinie und seine Höhe um gegebene gerade Linien abnehmen läfst.

Auflösung.

Man ziehe OC#AB, OB#AC, beschreibe über AC ein Quadrat ACDF, mache DE $= \alpha$, lege über DE einen Halbkreis, errichte in dem Mittelpunkte G auf EG ein den Halbkreis in H schneidendes Perpendikel, ziehe DH, DK#GH, mache DK = DH, AL = LD, beschreibe aus L als Mittelpunkt mit einem Radius = LK einen Kreis, welcher der verlängerten AD in R begegne, und aus R als Mittelpunkt mit einem Radius = MR einen Kreis, welcher die verlängerte AC in X erreiche, und ziehe durch O, X die gerade Linie OX, welche der verlängerten Linie AB in Y begegne, so sind AX, AY die gesuchten Segmente.

Determination.

Damit der aus R mit RM beschriebene Kreis die Linie AC erreiche, mufs, wenn RQA = R, seyn $MR \geqq RQ$.

Es ist $AR = AL + LR$

$$= \frac{\beta}{\sqrt{2}} + \left\{ \begin{array}{l} LK, \text{ wenn } AC = \beta, \\ \sqrt{\tfrac{1}{2}\beta^2 + \tfrac{1}{2}\alpha^2} \end{array} \right.$$

Auch ist $AR : RQ = 1 : \sin. \tfrac{1}{2}R$, $RM = DH$

$$= \sqrt{2} : 1 \qquad\qquad = \frac{\alpha}{\sqrt{2}}$$

$$\text{also } RQ = \frac{\beta + \sqrt{\beta^2 + \alpha^2}}{2}$$

$$\text{also mufs seyn } \frac{\beta + \sqrt{\beta^2 + \alpha^2}}{2} \leqq \frac{\alpha}{\sqrt{2}}$$

folglich $\sqrt{\beta^2+\alpha^2} \overset{=}{<} \alpha\sqrt{2}-\beta$

---

mithin $\beta^2+\alpha^2 \overset{=}{<} 2\alpha^2-2\alpha\beta\sqrt{2}+\beta^2$

---

somit $2\alpha\beta\sqrt{2} \overset{=}{<} \alpha^2$

---

demnach $8\beta^2 \overset{=}{<} \alpha^2$

---

also $\left.\begin{array}{l} 2\beta^2 \\ AD^2 \end{array}\right\} \overset{=}{<} \frac{1}{4}\alpha^2$

---

folglich $AD \overset{=}{<} \frac{1}{2}\alpha$

Beweis.

Es ist $AD \overset{=}{<} \frac{1}{2}\alpha$

---

also $AD^2 \overset{=}{<} (\frac{1}{2}\alpha)^2$

---

folglich $2\beta^2 \overset{=}{<} \frac{1}{4}\alpha^2$

---

mithin $8\beta^2 \overset{=}{<} \alpha^2$

---

also $RQ \overset{=}{<} RM$, wie aus der Determination leicht erhellet, folglich berührt (Fig. 112.), oder schneidet (Fig. 113.) der aus R mit RM beschriebene Kreis die Linie AQ.

Ferner ist $AR.RD = RL^2 - LD^2 = DK^2 = DH^2 = RM^2 = RX^2$, wenn RX gezog. wird

---

also $AR : RX = RX : RD$

---

folglich $\Delta ARX \backsim \Delta DRX$, wenn XD gezogen wird

mithin $\left.\begin{matrix} RAX \\ RAN \end{matrix}\right\} = RXD$

also liegen R, X, A, N auf einem Kreise, dessen Mittelpunkt in P, wenn $NP = PX$, weil $NAX = R$.

Zieht man RP, so ist $RPX = 2RAX$

$= R$

$= DGH$

also $\Delta DGH \cong \Delta RPX$

folglich $\left.\begin{matrix} RP \\ NQ \end{matrix}\right\} = DG$

mithin $NX = DE$

$= \alpha$

Auch ist $NF : FD = DC : CX$

somit $NF.CX = FD.DC$

$= BO.OC$

$= BY.CX$

also $NF = BY$

folglich $AY = AN$

mithin $AX^2 + AY^2 = AX^2 + AN^2$

$= NX^2$

$= \alpha^2$

Zus. 1.

Zieht man (Fig. 112.) durch einen von X verschiedenen Punkt V auf der Verlängerung des Schenkels AC gerade Linien durch O, D, welche den Verlängerungen der Schenkel AB, AN in Z, W begegnen, so ist

$\overline{VW > NX}$ (siehe Apoll. de inclinat. von Diesterweg, Bonn, 1823. pag. 25)

$$\begin{array}{rcl} \text{also } VW^2 & > & NX^2 \\ AW^2 + AV^2 & & AY^2 + AX^2 \\ AZ^2 & & \end{array}$$

mithin bestimmt der Punkt X eine kleinere Summe der Quadrate der Segmente, als jeder andere Punkt der verlängerten AC.

Auch ist, wenn $tX > XV$, und die, die Schenkel AZ, AW in u, r schneidenden geraden Linien tou, tdr gezogen werden, $\overline{tr > VW}$ (s. Apoll de incl. l. c.)

$$\begin{array}{rcl} \text{also } tr^2 & > & VW^2 \\ tA^2 + Ar^2 & & VA^2 + AW^2 \\ Au^2 & & AZ^2 \end{array}$$

mithin bestimmen die dem Punkte X der verlängerten AC näher liegenden Punkte kleinere Quadratsummen, als die entfernteren.

Zus. 2.

In Fig. 113. bestimmt der zweite Durchschnitt X' des Kreises mit der Linie AQ eine zweite Linie mit der gegebenen Eigenschaft.

Zus. 3.

Bezeichnet man mit R' den zweiten Durchschnitt der Linie DE und des aus L als Mittelpunkt mit einem Radius = LK beschriebenen Kreises, und bestimmt man in Beziehung auf R' Linien, wie es für R geschehen ist, so ergiebt sich, dafs dadurch auf den Schenkeln der Nebenwinkel des Winkels BAC Segmente mit derselben Eigenschaft bestimmt werden.

Aufgabe X.

Durch einen auf der Halbirungslinie eines der Lage nach gegebenen Winkels gegebenen Punkt eine gerade Linie zwischen die Schenkel des Winkels zu legen, welche von den Schenkeln des Winkels Segmente abschneide, deren Differenz der Quadrate dem Quadrate einer gegebenen geraden Linie gleich sey.

Nachricht für den Buchbinder:

Taf. 9. wird dem Lateinischen der Vorrede beygeheftet.

Bonn, gedruckt bey C. F. Thormann.

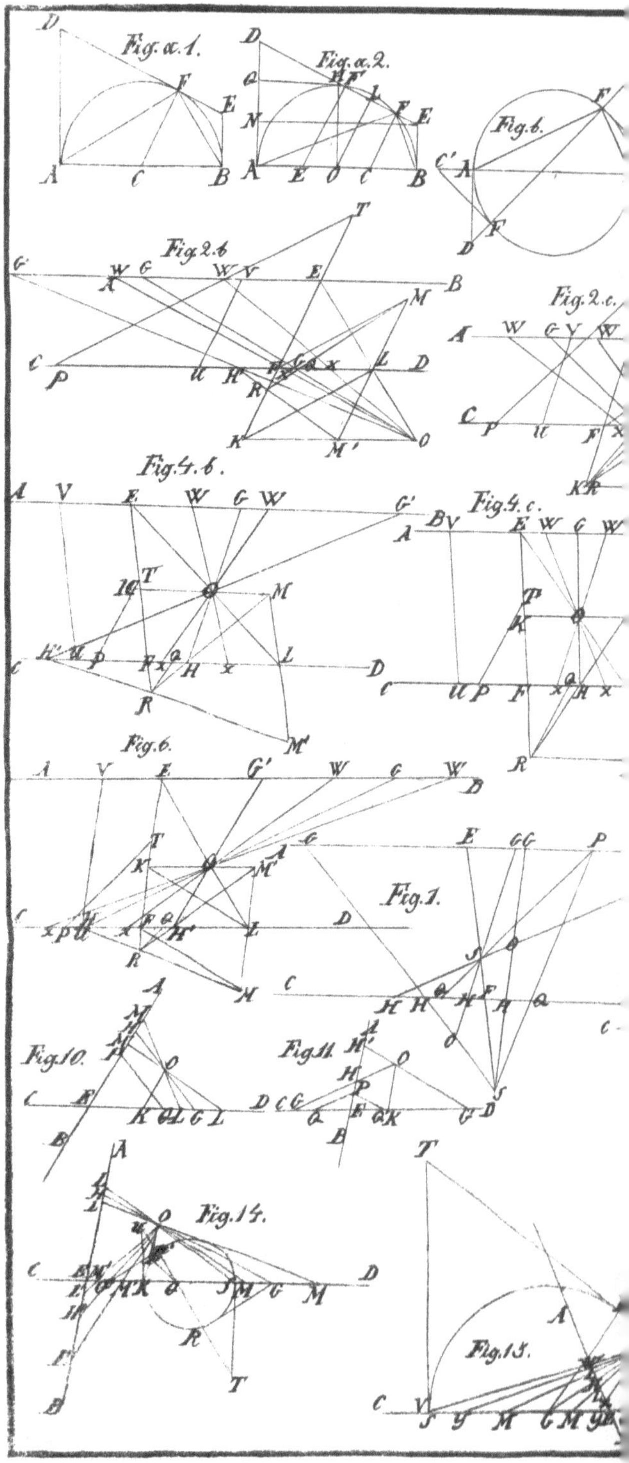
Fig. α. 1.
Fig. α. 2.
Fig. b.
Fig. 2. b
Fig. 2. c.
Fig. 4. b.
Fig. 4. c.
Fig. 6.
Fig. 7.
Fig. 10.
Fig. 11.
Fig. 14.
Fig. 13.

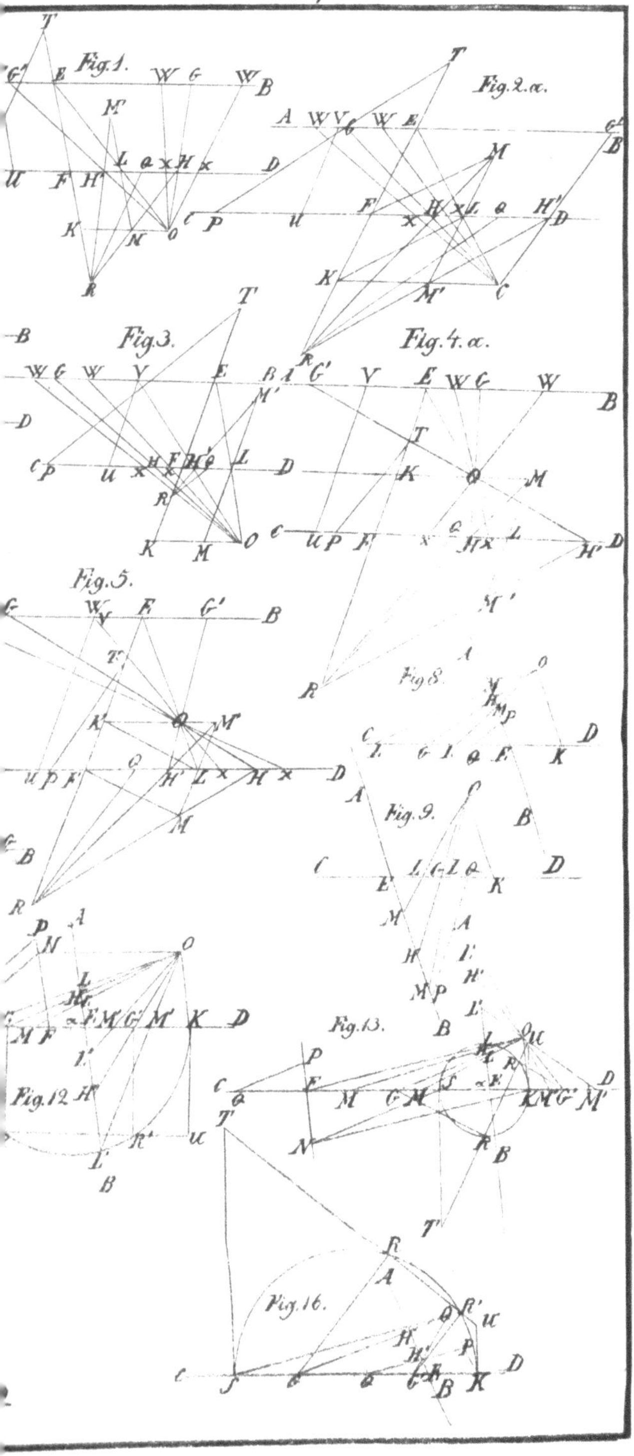
Fig. 1.
Fig. 2. α.
Fig. 3.
Fig. 4. α.
Fig. 5.
Fig. 8.
Fig. 9.
Fig. 12
Fig. 13.
Fig. 16.

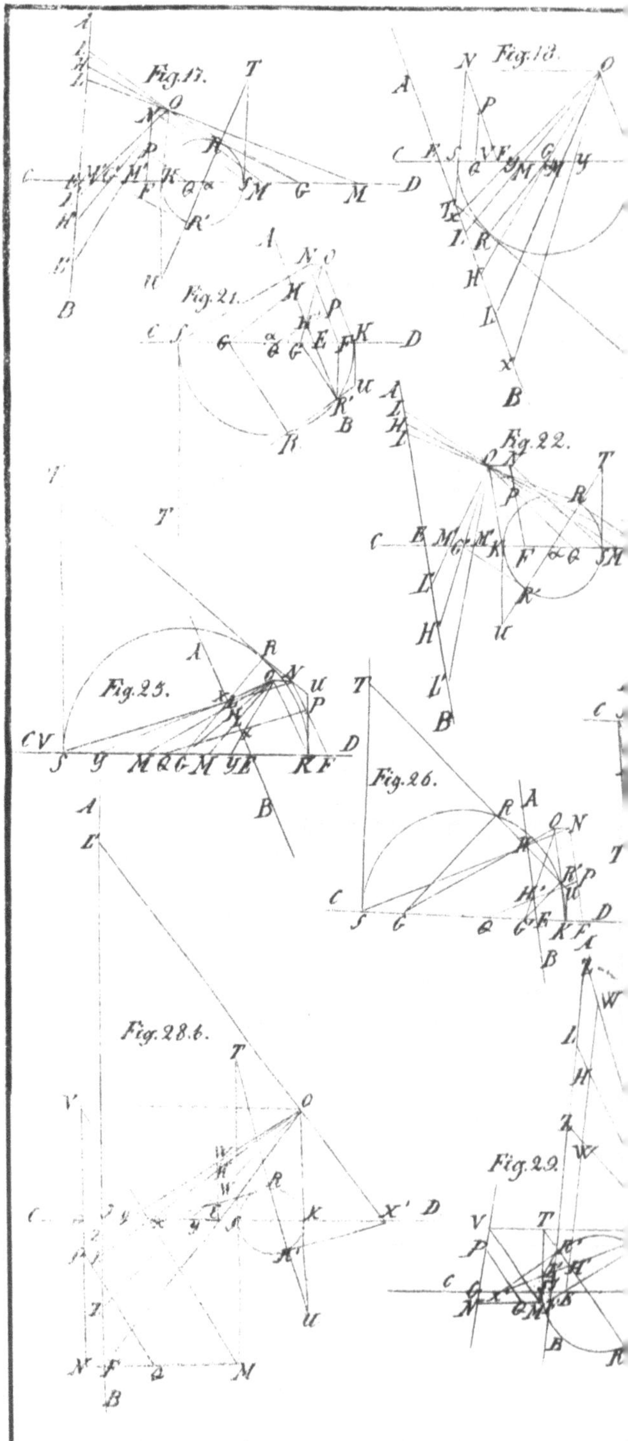

Fig. 17. Fig. 18. Fig. 21. Fig. 22. Fig. 25. Fig. 26. Fig. 28. b. Fig. 29.

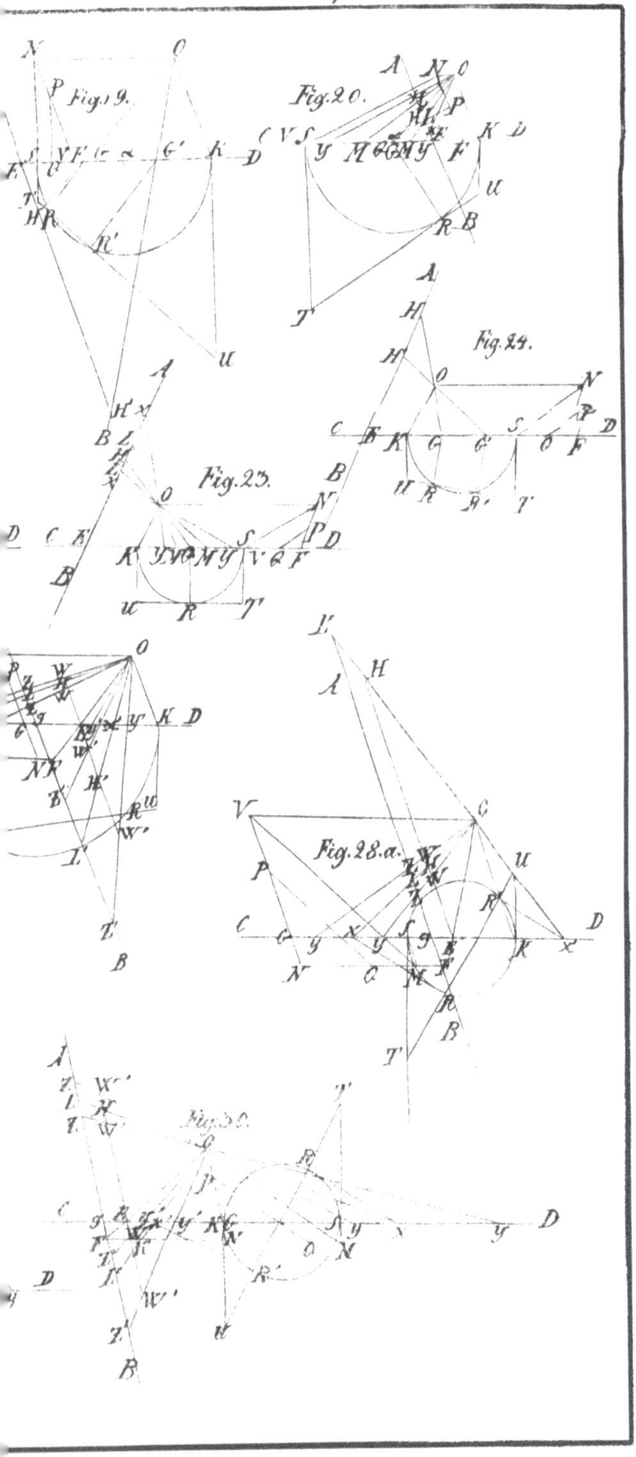
Fig. 19.
Fig. 20.
Fig. 24.
Fig. 23.
Fig. 28.a.

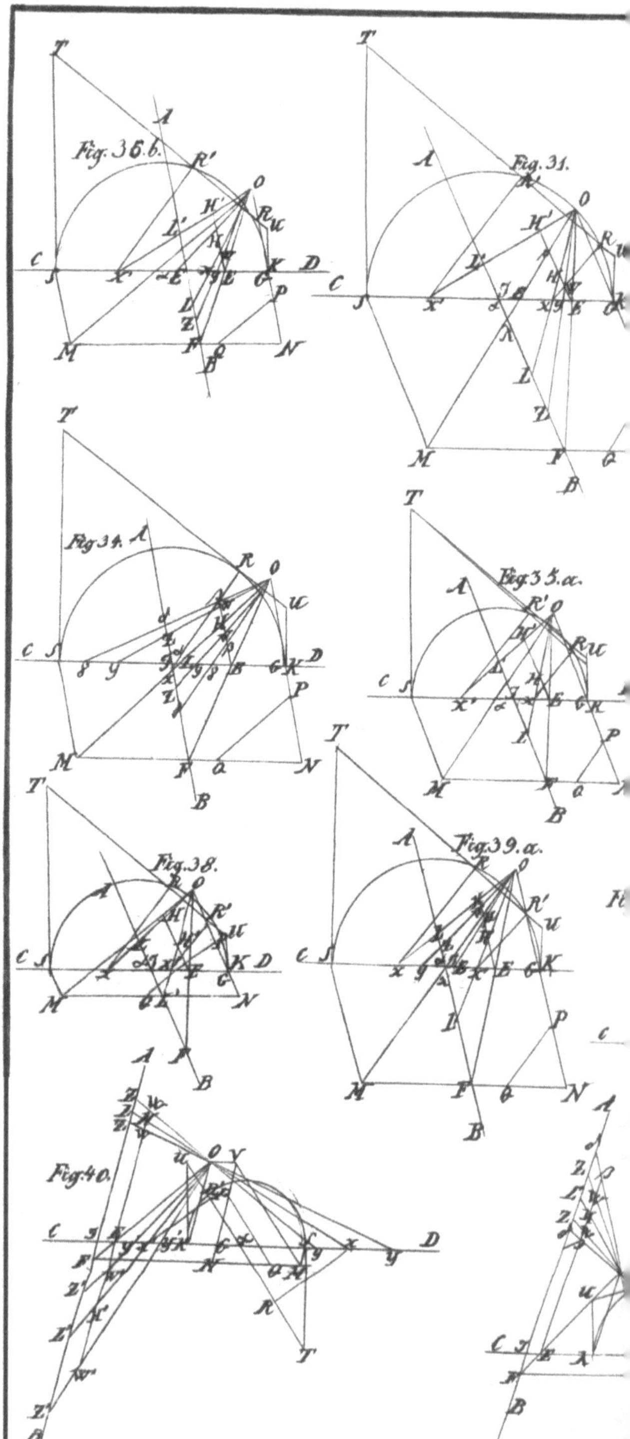
Fig. 36.b.
Fig. 31.
Fig. 34.
Fig. 35.α.
Fig. 38.
Fig. 39.α.
Fig. 40.

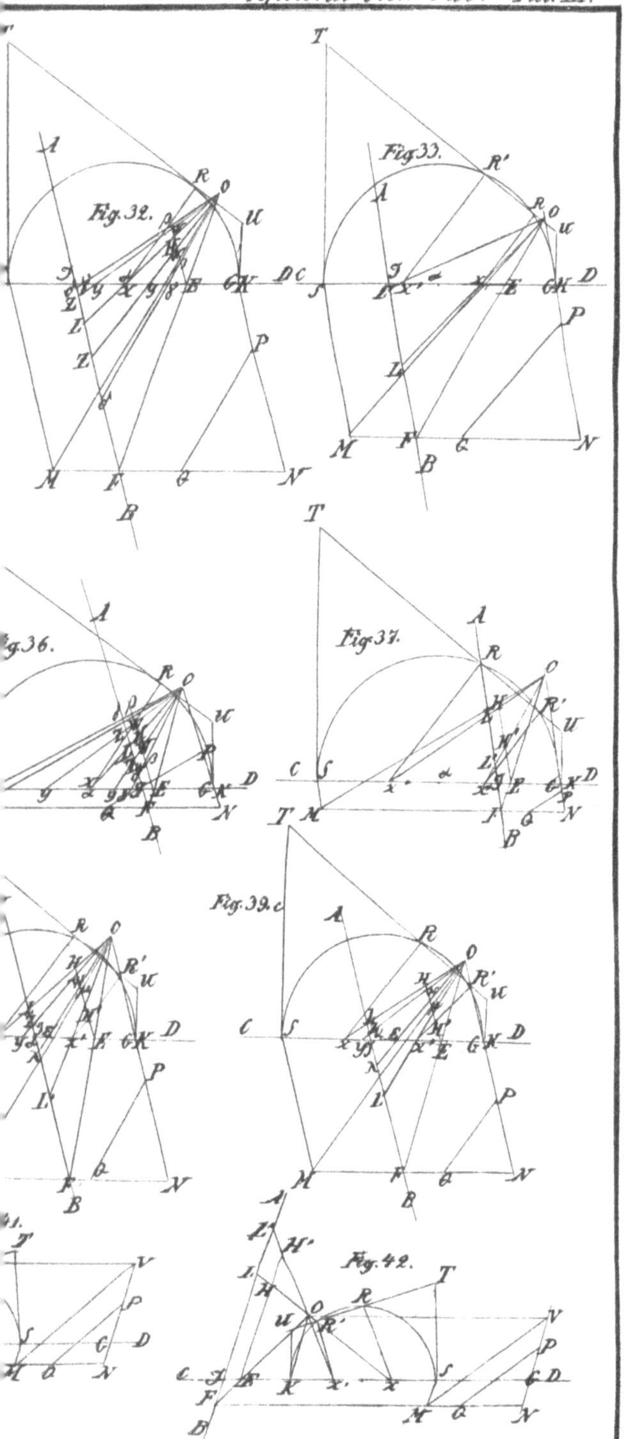
Fig. 32.
Fig. 33.
Fig. 36.
Fig. 37.
Fig. 39.
Fig. 42.

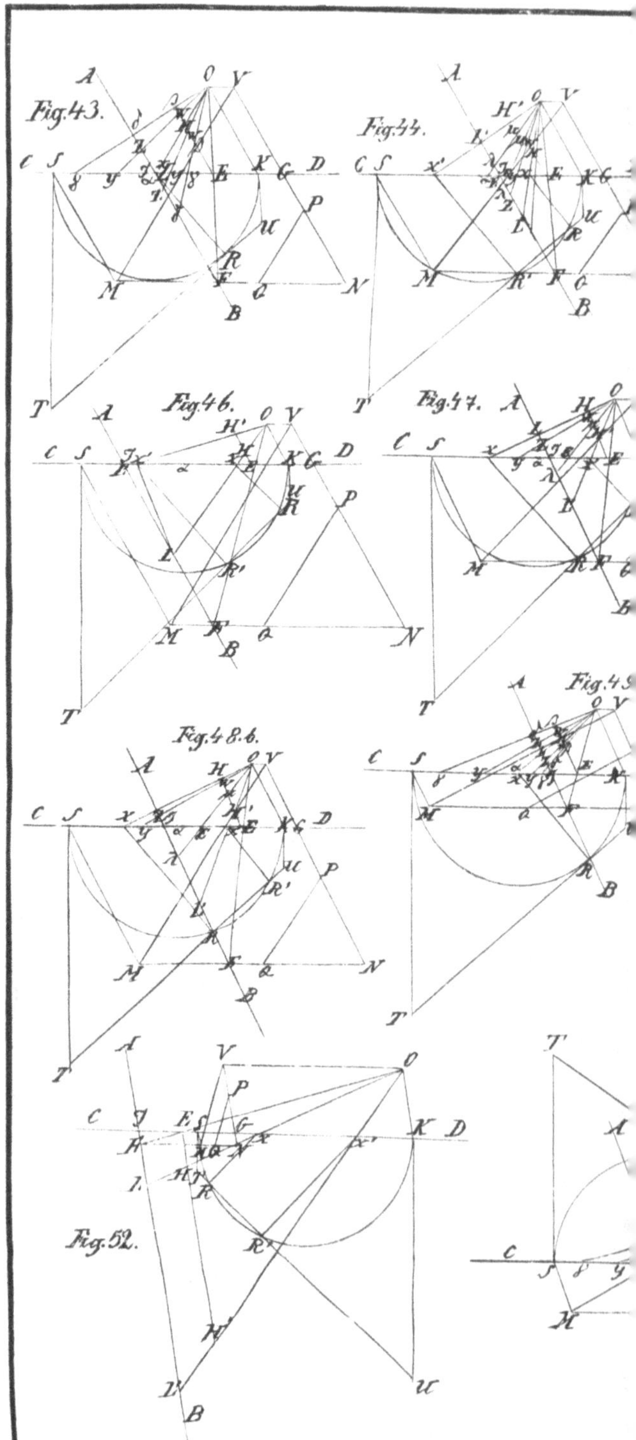
Fig.43.
Fig.44.
Fig.46.
Fig.47.
Fig.48.b.
Fig.49
Fig.52.

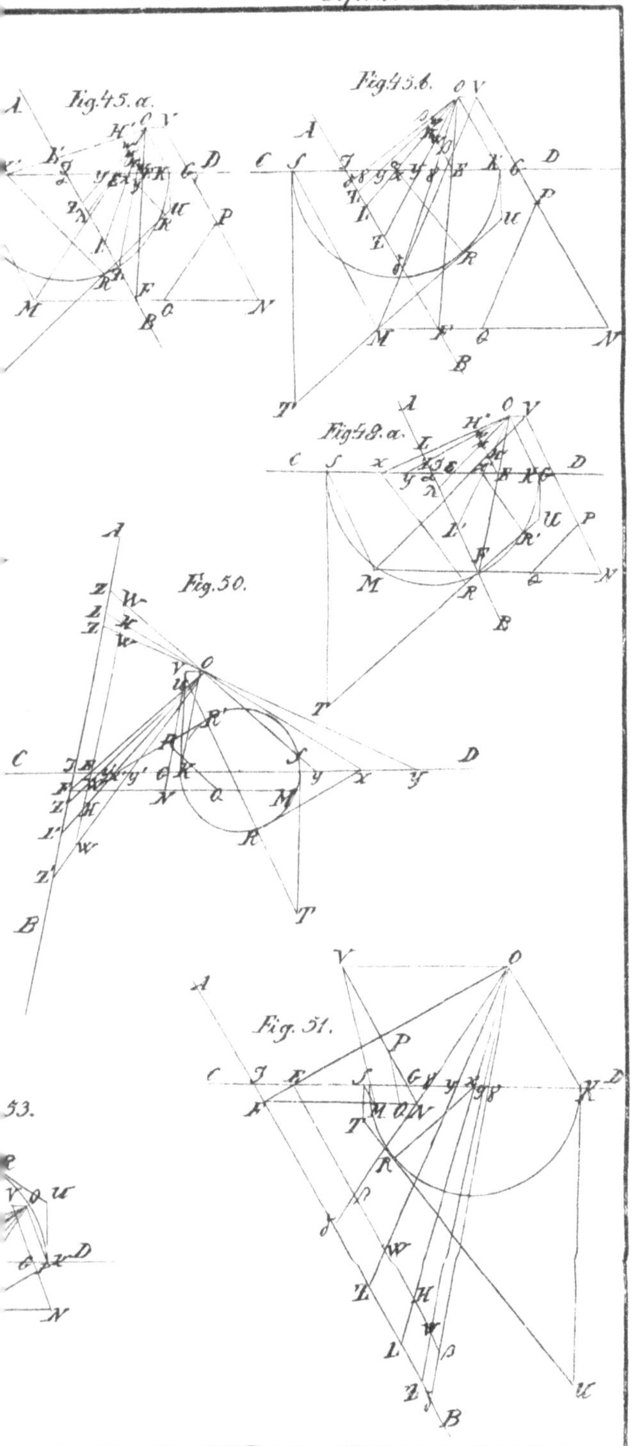

Fig. 45. a.

Fig. 45. b.

Fig. 48. a.

Fig. 50.

Fig. 51.

53.

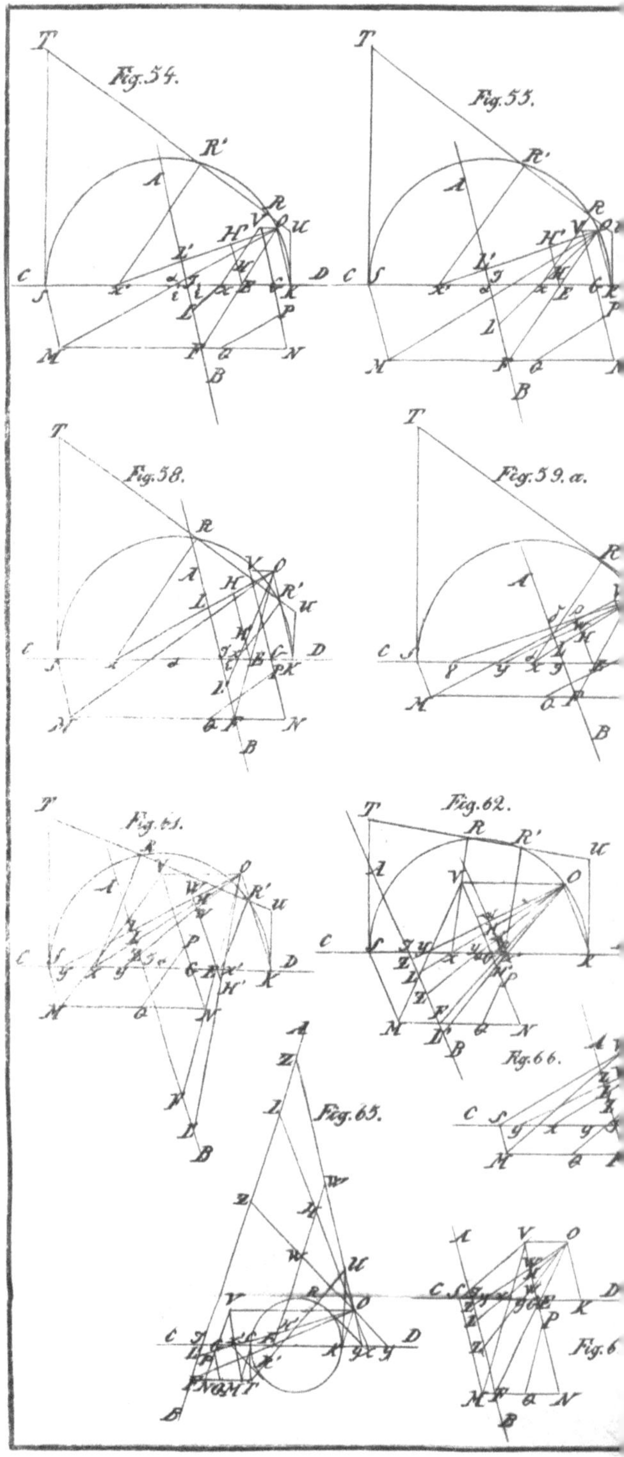
Fig. 54.
Fig. 55.
Fig. 58.
Fig. 59. a.
Fig. 61.
Fig. 62.
Fig. 65.
Fig. 66.
Fig. 6

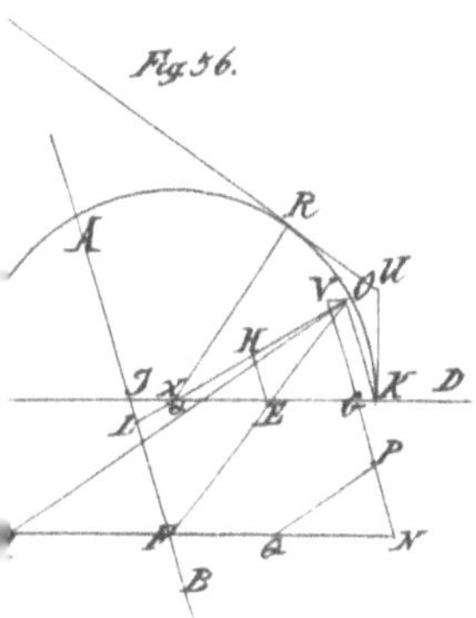

Fig. 56.

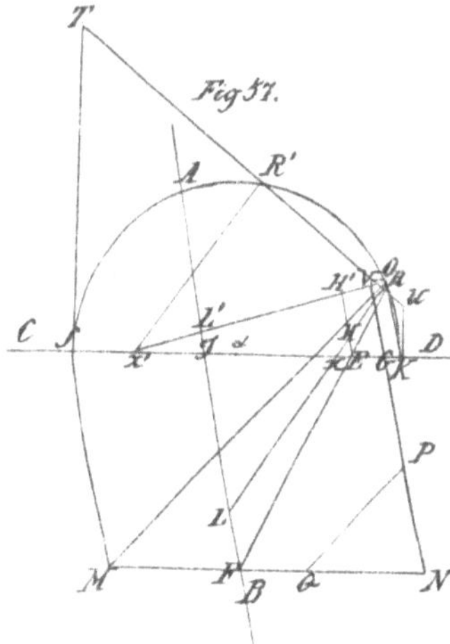

Fig. 57.

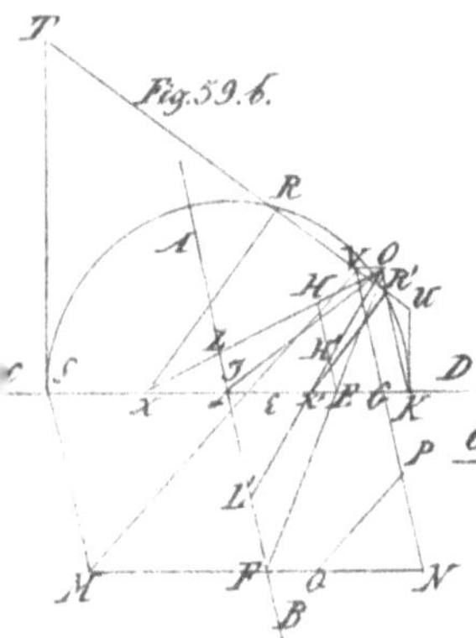

Fig. 59. b.

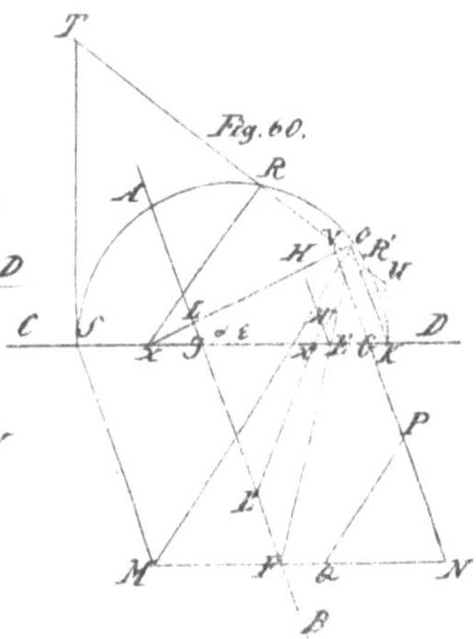

Fig. 60.

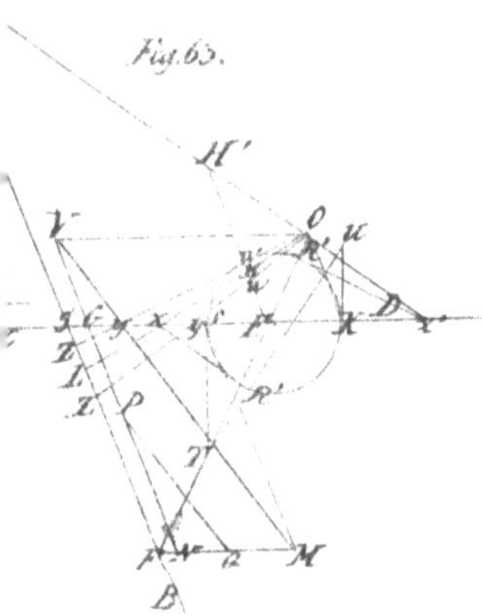

Fig. 63.

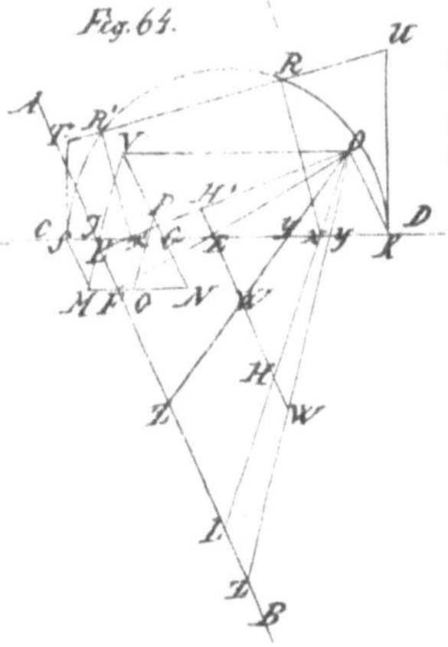

Fig. 64.

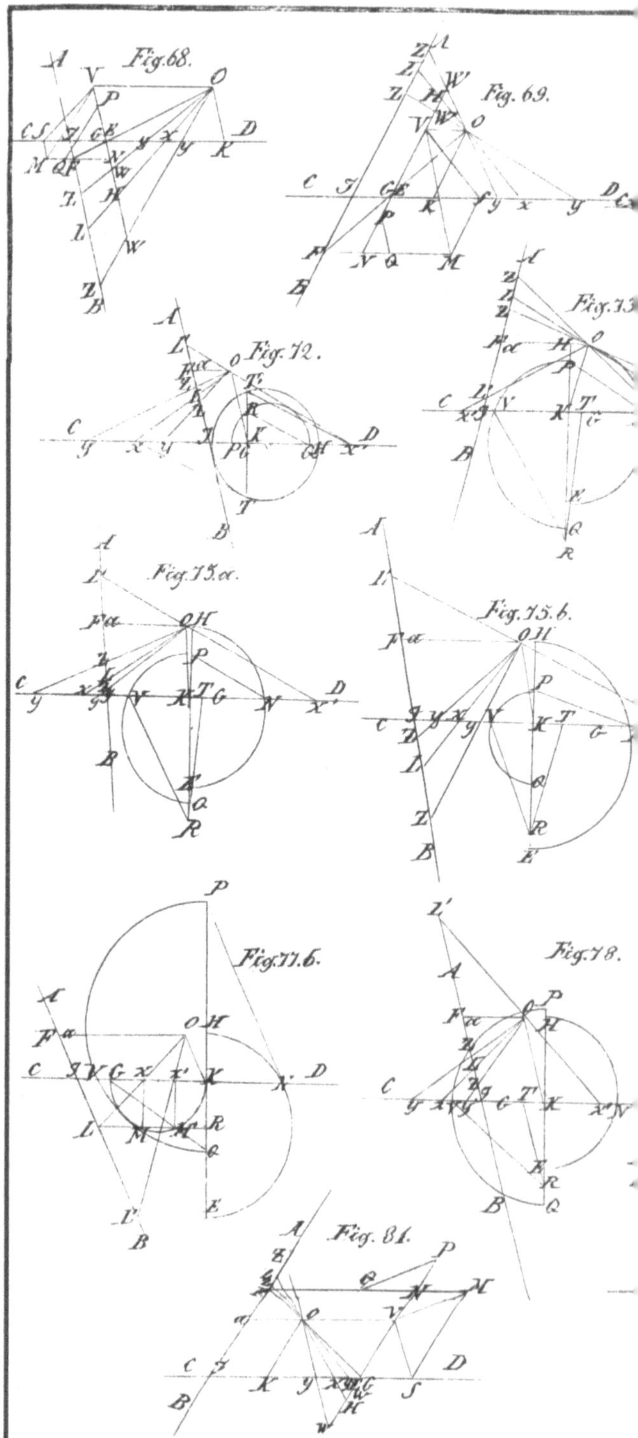
Fig. 68.
Fig. 69.
Fig. 72.
Fig. 75. a.
Fig. 75. b.
Fig. 77. b.
Fig. 78.
Fig. 81.

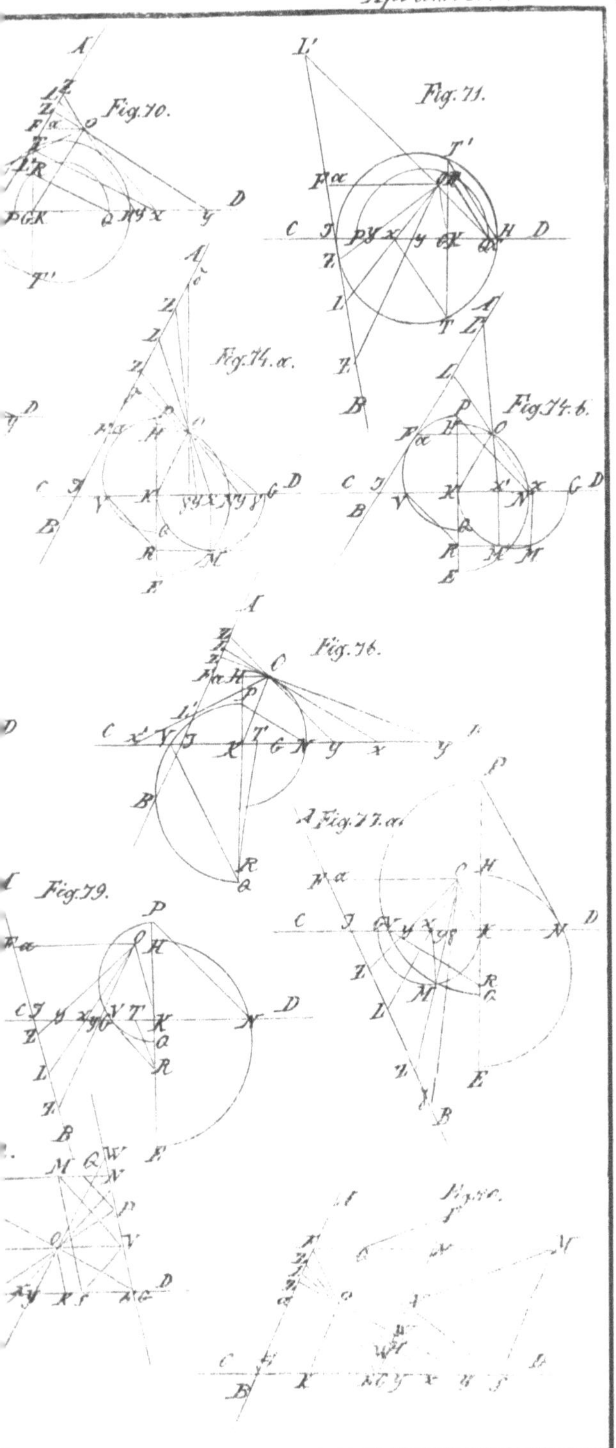
Fig. 70.
Fig. 71.
Fig. 74. a.
Fig. 74. b.
Fig. 76.
Fig. 77. a.
Fig. 79.

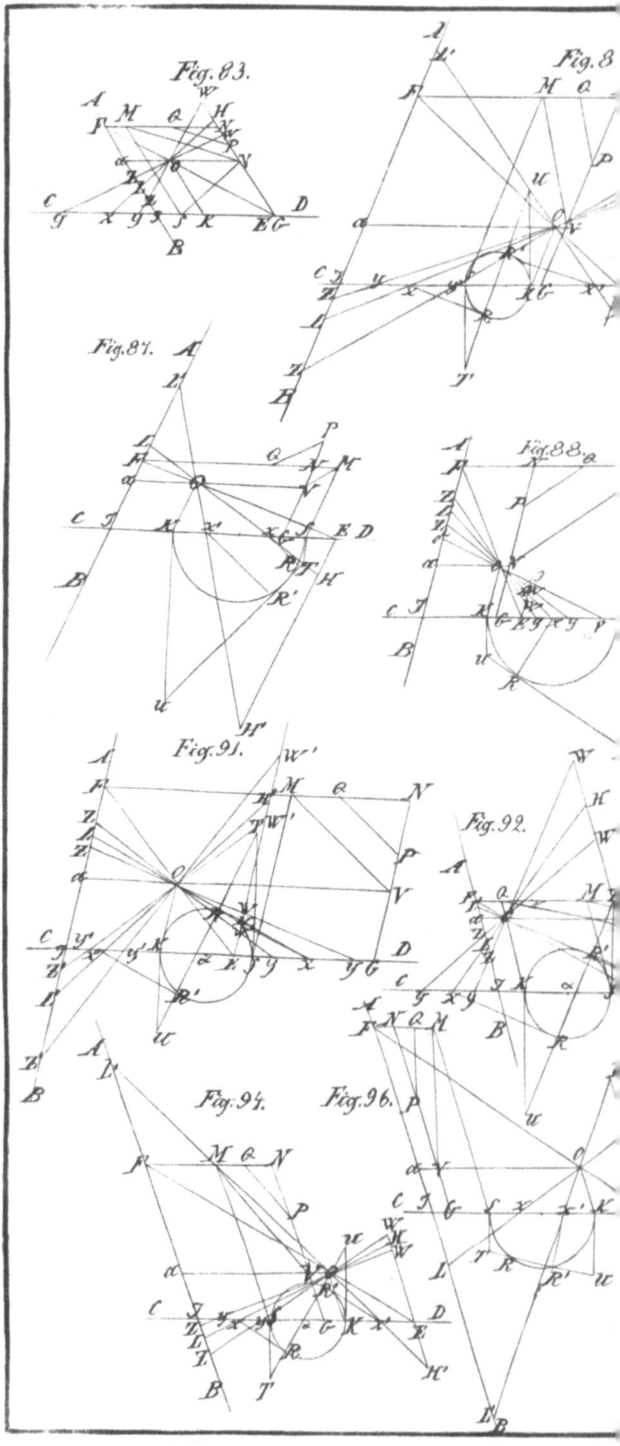

Fig. 83. Fig. 87. Fig. 88. Fig. 91. Fig. 92. Fig. 94. Fig. 96.

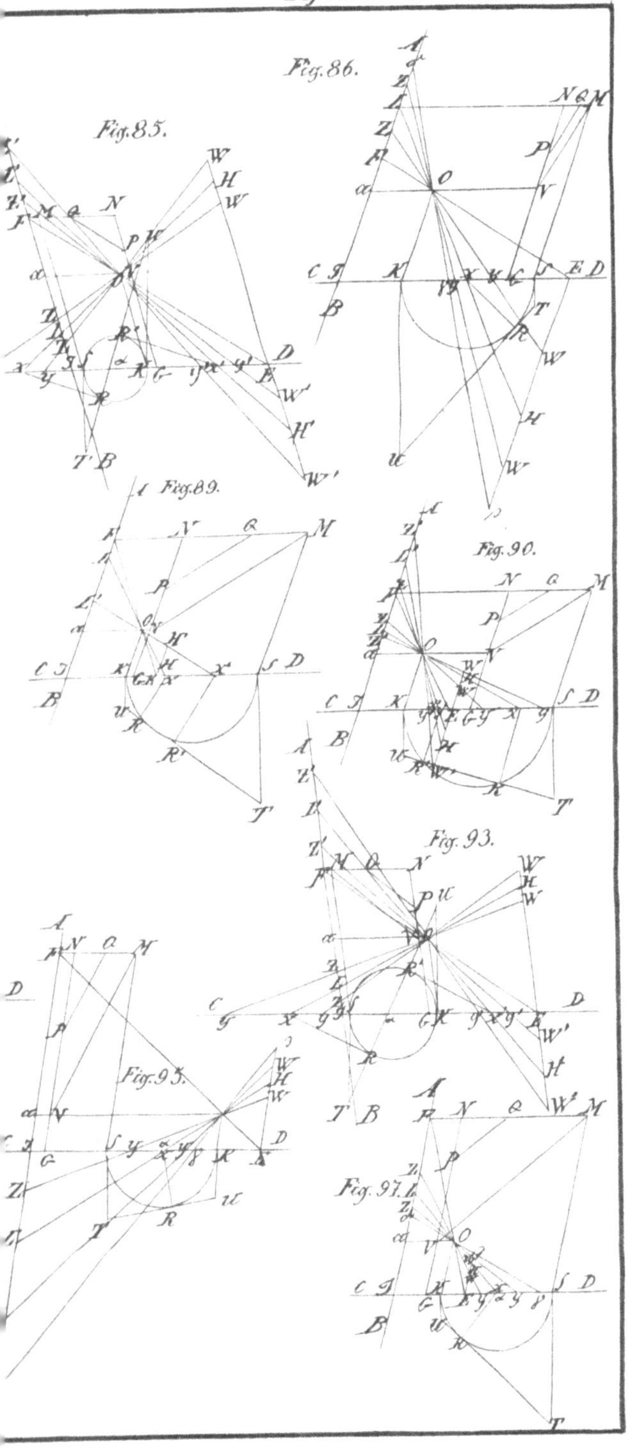
Fig. 85.
Fig. 86.
Fig. 89.
Fig. 90.
Fig. 93.
Fig. 95.
Fig. 97.

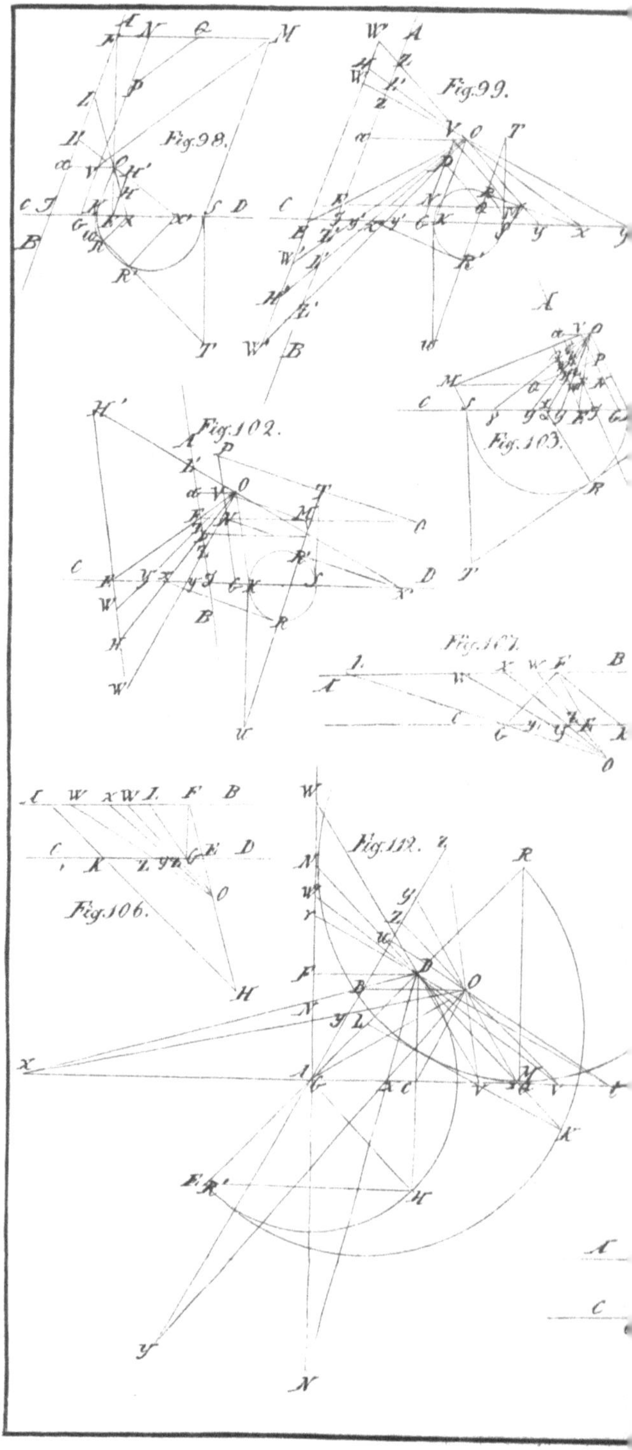
Fig. 98.
Fig. 99.
Fig. 102.
Fig. 103.
Fig. 107.
Fig. 106.
Fig. 112.

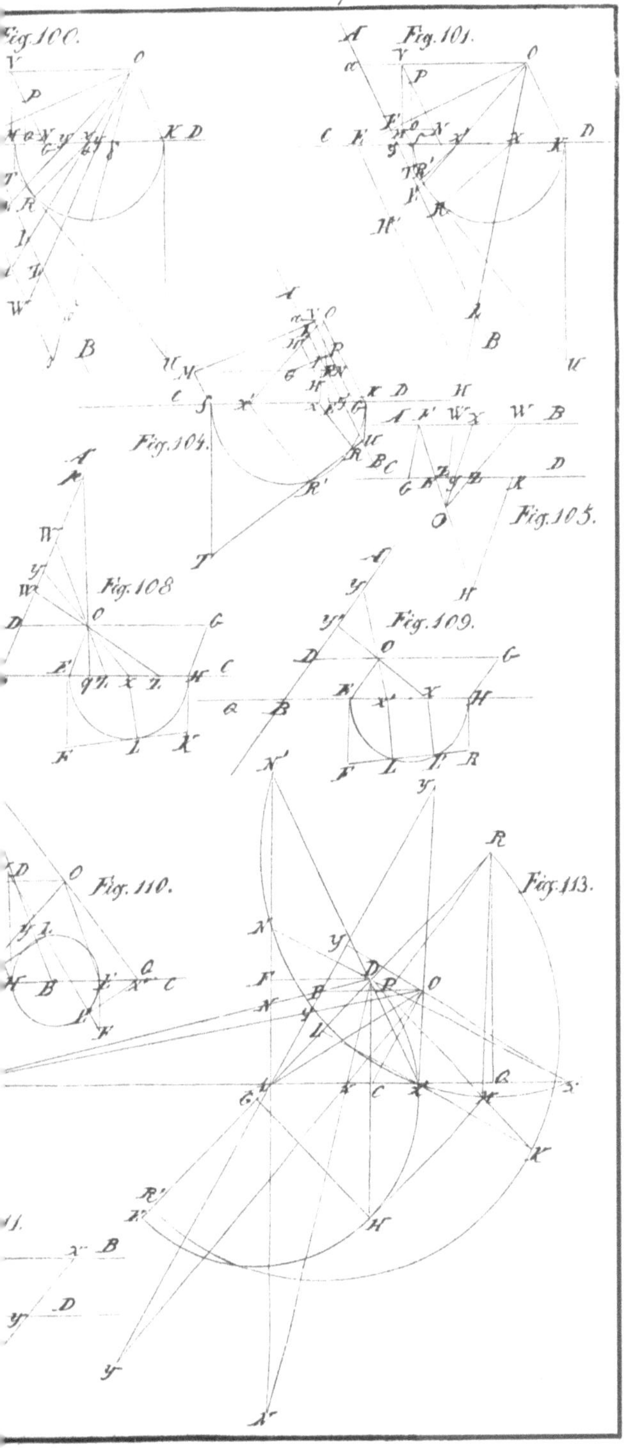
Fig. 100.
Fig. 101.
Fig. 104.
Fig. 105.
Fig. 108
Fig. 109.
Fig. 110.
Fig. 113.

FSC
www.fsc.org
MIX
Papier | Fördert
gute Waldnutzung
FSC® C083411

Zeitfracht Medien GmbH
Ferdinand-Jühlke-Straße 7
99095 Erfurt, Deutschland
produktsicherheit@kolibri360.de